浅田正彦・中谷和弘監修　　　　　　　　国際法・外交ブックレット❻

気候変動問題と国際法

西村智朗 著

JN109666

東信堂

国際法・外交ブックレット刊行の辞

　出版事情が厳しい昨今、分厚い書籍は良書であっても忙しい現代人にはおよそフィットせず、また通勤・通学における持ち運びを考えれば尚更そうである。我々は「あらゆる書物は長すぎる」というヴォルテールのような過激な主張をするつもりはないが、薄くて安価だが役に立つブックレットこそが現代の多くの読者が求めているものであると考える。

　特に、目まぐるしい勢いで変転している国際社会の諸課題について、国際社会の共通ルールである国際法の観点からコンパクトな解説や指針を与えてくれるブックレットの刊行は、時代の要請でもある。新聞やテレビにおいては、重要な事件についての国際関係からの解説は無数といってもよいほどあるが、「国際法に照らして問題がある」とか「国際法上ありえない」などの指摘があるにもかかわらず、国際法の観点からの解説は極めて少ないのが実状だからである。

　このような観点から、我々は、このたび国際法・外交ブックレットのシリーズの編者をお引き受けし、同シリーズを刊行することにした。

　本シリーズは、大きな影響を及ぼす（及ぼした）国際的事件についての解説を主軸におきつつ、国際法に関する基礎知識を解説するもの、過去の重要な条約の概観、国際法や外交上の功績のあった者の伝記等も刊行する予定である。

　ブックレットは、特に最新の事件については書下ろしとなるであろうが、必ずしもそうである必要はなく、専門的な書籍や学術誌等に発表されたものを専門外の読者の用に供するために若干のアップデートを施して刊行するものもある。また、アカデミックな会合での諸報告の記録として刊行することも考えている。学生には格好のゼミのテーマを提供することになるであろうし、一般読者にとってはホット・トピックについての新聞やテレビでは得られない本質に迫る解説を得られることになろう。もし読者がさらに深く検討したいと考えるならば、編者の目的は十分達成されることになる。「有益な書物とは読者に補足を求めずにおかぬような書物」（ヴォルテール）だからである。

　本シリーズを通じて国際法を理解し「国際社会における法の支配」を重視する読者が増えれば、我々としてこれにまさる喜びはない。

2019 年 7 月 26 日

京都大学教授　浅田正彦

東京大学教授　中谷和弘

表一覧

はじめに

　気候変動に関する国際連合枠組条約（気候変動枠組条約）は、国際連合（国連）の特別総会であるリオ会議直前の 1992 年 5 月 9 日に採択された。それから約 30 年の間、国際社会は、気候変動問題を人類の共通の関心事として認識し、京都議定書やパリ協定といった多数国間環境協定を採択、発効させ、この課題に積極的に取り組んできた。

　日本国内では、地球温暖化と呼ばれることが多い気候変動という問題は、今日では最も深刻な地球環境問題と位置づけられ、多くの科学者、政治家、NGO が警鐘を鳴らすだけでなく、企業も主要な温室効果ガスである二酸化炭素の排出量削減に力を注いでいる。しかし、残念ながら、気候変動の結果と推察される大規模な自然災害が、毎年のように世界各地で報告され、しかも将来的に人間や自然界に引き続き深刻な悪影響を及ぼすと予想されている。

　言うまでもなく、気候変動問題の解決のためには、自然科学はもちろんのこと、政治学、経済学、社会学といった社会科学の諸分野を横断する複合的な理解が必要である。筆者は、1997 年に京都で開催された地球温暖化防止京都会議以降、環境 NGO の一員として、そして国際法研究者として継続的に締約国会議に参加し、京都議定書やパリ協定の採択を直接目撃する機会を得ながら、気候変動に関する国際条約制度の形成過程やその課題について研究を続けてきた。この問題は、現在もなお変化し続けている国際条約制度であるが、本書は、国際法学の観点からこれまでの気候変動問題を見つめ直し、その課題について検討するものである。

I 地球環境問題としての気候変動

1. 気候変動とは？
2. 気候変動条約制度の交渉史
3. 気候変動交渉における主要国と交渉グループ

1. 気候変動とは？

(a) 気候変動のメカニズム

　地球の気候システムを動かしているのは太陽のエネルギーである。地球は太陽から入射するエネルギーを受け取り、同時に宇宙空間にそれを放出している。そのエネルギーのバランスにより、地球は生物が生息する適切な状態を維持することができる。そのバランスを保っているのが地球大気であり、これを「温室効果」と言う。このような温室効果を持つ気体が「温室効果ガス」であり、主要なものとして、二酸化炭素、メタン、フロンガス、水蒸気などがある。これらのガスが一定量以上増加すると、温室効果が高まり、地球が温暖化する。この現象を「地球温暖化」と呼ぶ[1]。

　これに対して、気候変動とは地球温暖化などにより長期間にわたり変化する気候状態を指す[2]。気候変動には自然の要因と人為的な要因がある[2]。自然の要因には大気自身に内在するもののほか海洋の変動、火山の噴火によるエアロゾ

---

[1]　日本気象学会地球環境問題委員会編『地球温暖化　そのメカニズムと不確実性』（朝倉書店、2014年）18-21頁。

[2]　気象庁HP。https://www.jma.go.jp/jma/kishou/know/whitep/3-1.html　（as of November 1, 2023）.

ル（大気中の微粒子）の増加、太陽活動の変化などがある。一方、人為的な要因には人間活動に伴う二酸化炭素などの温室効果ガスの増加やエアロゾルの増加、森林破壊による二酸化炭素の吸収源の減少などがある。気候変動枠組条約では、気候変動を「地球の大気の組成を変化させる人間活動に直接又は間接に起因する気候の変化であって、比較的可能な期間において観測させる<u>気候の自然な変動に対して追加的に生ずるもの</u>（第1条2項、下線部筆者）」と定義しており、条約上対象となるのは人為的要因によるものである。

　気候変動に対する将来予測は、観測する対象や分析する機関によって異なるが、その精度の正確性は、徐々に高まっており、しかも地球温暖化の原因は人為的要因によるところが大きいと指摘されている。気候変動に関する政府間パネル（IPCC）が2021年8月に発表した第1作業部会第6次評価報告書によると、1850〜1900年から2010〜2019年までの人為的な世界平均気温上昇は1.07℃（0.8〜1.3℃）であり、「人間の影響が大気、海洋及び陸上を温暖化させてきたことには疑う余地がない[3]」とされている。

（b）気候変動による悪影響

　気候変動は、自然環境及び人間の社会生活に様々な影響を与えると言われている。世界の気温が上昇することによる熱帯地域の拡大や、大気の変化や降水量の上昇による台風やハリケーンなどの異常気象など、自然災害による被害は近年増加している。また、地球温暖化により、熱波による熱中症や熱射病、熱帯性の感染症が増大する危険性が高まっている。さらに、氷河が融解し、それにより河川流水量や水資源が大きく変化し、食料生産量や水の供給に大きな影響を与える。加えて、生態系に対しても気候変動の進行速度が種の移動速度よりも速い場合には、絶滅リスクが高まり、多くの動植物の生息域や個体数に影響を与える。また、海洋においても、海面上昇、海水温の変化や海水の酸性化

---

[3]　Intergovernmental Panel on Climate Change, *Climate Change 2021 - The Physical Science Basis, Working Group I contribution to the Sixth Assessment Report of the Intergovernmental Panel on Climate Change*（2021）, p.42.

などによる海洋生態系への悪影響が懸念される[4]。実際に、北極地域では、海氷の融解やそれに伴う生態系の破壊などが指摘されており、インド洋の島嶼国であるモルディブは、人工島の建設と国民の移住計画をすでに実施している。国連国際法委員会は、国連海洋法条約起草時には想定されていなかった海洋境界画定に与える影響を検討するため、2018 年以降、国際法に関連する海面上昇について研究部会による検討を開始した[5]。

このような環境の変化は、当然人間の社会生活にも影響を与える。例えば、地球温暖化に伴う砂漠化の進行により、食料生産量の低下や品質の劣化などが指摘されている。また、熱波や台風など大規模な気象災害が頻発することにより、人命はもちろん、様々なインフラにも損害を与えている。その中でも最も顕著な例は、海面上昇による島嶼や低地地域の水没や塩害などの被害であり、これらの現象により、住み慣れた場所を離れて移住を余儀なくされたり、国によっては、祖国を離れなければならない「気候難民」が発生している[6]。

2.　気候変動条約制度の交渉史

気候変動に関する指摘そのものはかなり古くから存在し、19 世紀末まで遡る。アイルランドの物理学者ティンダールは、人間活動による大気の組成変化によって気候変動が生じる可能性を示唆し、スウェーデンの化学者アレニウスは、大気中の二酸化炭素濃度が増すことによって気温が上昇することを指摘していた[7]。20 世紀前半には、日本でも童話作家の宮沢賢治が『グスコーブドリの伝記』(1932 年) の中で、火山から噴出する二酸化炭素によって地球が温暖化す

4　田所和明、杉本隆成、岸道郎「海洋生態系に対する地球温暖化の影響」『海の研究』第 17 巻 6 号 (2008 年) 404-420 頁。

5　UN Doc. A/73/10, pp.326-334. ただし、委員会は、海面上昇の法的影響、具体的には、海洋法、国家の地位、海面上昇によって影響を受ける人の保護について検討するが、環境保護、気候変動それ自体、因果関係、責任および賠償については、問題の概要を示すにとどまる。

6　井田徹治「気候難民の世紀－国際社会の新たな課題－」『世界』946 号 (2021 年) 23-33 頁。See also Simon Behrman and Avidan Kent ed., *Climate Refugees: Beyond the Legal Impasse?* (Routledge, 2018).

7　James Rodger Fleming, *Historical Perspectives on Climate Change* (Oxford University Press, 2005), pp.65-82.

ることに触れる[8]など、地球温暖化のメカニズムはある程度浸透していたことが分かる。ただし、これらの言及は、二酸化炭素濃度の上昇が地球を温暖化させるという結果を指摘するにとどまり、人間活動による二酸化炭素の増加が人間生活や自然環境に対して悪影響をもたらすという警鐘を鳴らすものではなく、また、二酸化炭素以外の温室効果ガスの指摘もほとんど行われていなかった。

1950年代に入り、ハワイ島マウナロア山での二酸化炭素観測開始など大気中の二酸化炭素濃度の計測が始まると、大気中の二酸化炭素濃度の上昇が確認され、地球温暖化に伴う気候変動を問題視する自然科学者も増えていった。

(a) リオ会議前

1970年代には、地球寒冷化説が唱えられるなど、気候変動に関する科学的知見は必ずしも一致しておらず、1972年に開催された国連人間環境会議（ストックホルム会議）では、気候変動に関する国際的な関心は、限定的なものにとどまっていた。しかしながら、1980年代に入り、特に二酸化炭素の排出を原因とする人為的な気候変動について、自然科学者が懸念を表明しはじめると、気候変動問題は、自然科学者の関心から国際政治上の課題へと移行していった。1985年にオーストリアのフィラハで、温暖化に関する初めての科学者による会議が開催され、そこで科学的知見に関する評価と整理が行われた[9]。続いて1987年には、イタリアのベラジオで、気候変動に関する緩和策について、行政レベルでの検討が行われた。さらに1988年にカナダのトロントで開催された「変化しつつ大気に関する世界会議」では、初めて温室効果ガスの削減目標を明記する「トロント目標（1988年を基準年として2005年までに温室効果ガスを20%削減する、長期目標として50%削減する）」が設定された[10]。

この時期になると、国連も気候変動問題に積極的に関与するようになった。

---

[8] 宮沢賢治『新校本宮沢賢治全集　第12巻（本文篇）』（筑摩書房、1995年）228頁。

[9] Report of the International Conference of the Assessment of the Role of Carbon Dioxide and of Other Greenhouse Gases in Climate Variations and Associated Impacts, WMO- No. 661, 1986.

[10] Robin Churchill, David Freestone ed., *International Law and Global Climate Change* (Graham & Trotman, 1991), pp.367-372.

1988 年に、専門機関である世界気象機関（WMO）と国連総会の補助機関である
国際連合環境計画（UNEP）は、共同で「気候変動に関する政府間パネル（IPCC）」
を設置し、11 月にはジュネーヴで最初の会合が開催された。また同年 12 月に
は、国連総会でも「現代および将来の世代の人類のための地球気候の保護」決
議[11] が採択され、気候変動が人類の共通の関心事（common concern of mankind）で
あることを確認した[12]。

　1989 年には、2 月にカナダのオタワで「大気の保護に関する法律および政治
専門家会議」、3 月にはオランダのハーグで、カナダ、オランダ及びノルウェー
の主催による「地球大気に関する首脳会議」が開催された。ここで採択された
ハーグ宣言では、新たな国際法の原則の発展を通じた新アプローチの必要性を
確認し、気候変動問題に関する先進国と開発途上国の義務の差異の認識や新た
な国際制度の設置を提唱した[13]。11 月に同じくオランダのノールドヴェイクで
開催された「大気汚染および気候変動に関する閣僚会議」では、人類の共通の
関心事、持続可能な開発、天然資源の管理に関する国家主権、先進国の差異あ
る責任、吸収源としての森林面積の増加、資金および技術援助メカニズムの確
立など、後の条約交渉で提起される様々な原則やメカニズムが提案された[14]。

　1990 年 8 月に IPCC が第 1 回報告書[15] を報告したことを機に、気候変動問題
は地球環境問題の中でも国家間の利害関係が最も激しく対立する問題として浮
上した。この IPCC 報告書に基づいて、同年 10 月末にスイスのジュネーヴで
開催された第 2 回世界気候会議は、先進国間の問題として認識されていた気候
変動問題を開発途上諸国を含む国際社会全体の問題にまで引き上げる役割を果

11　UN Doc. A/RES/43/53.

12　提案国のマルタは「人類の共同の財産」として提案したが、同概念が設定されている深海
　　底や月その他の天体のように資源として取り扱うことに疑問が提起され、「人類の共通の関心
　　事」という表現になった。See Frederic L. Kirgis, Jr., "Standing to Challenge Human Endeavors That
　　Could Change the Climate," *American Journal of International Law*, Vol.84 (1990), p.525.

13　Declaration of the Hague adopted at the Hague on 11 March, 1989. UN Doc. A/44/340.

14　Noordwijk Declaration on Atmospheric Pollution and Climate Change. UN Doc. A/C.2/44/5.

15　Intergovernmental Panel on Climate Change, *Climate Change: The IPCC 1990 and 1992 Assessments*, WMO
　　and UNEP (1992).

たした。そして、米国の反対にあいながらも、閣僚宣言において、前年の会議で積み残されていた温室効果ガス排出量の安定化目標を 2000 年までに 1990 年レベルで行う旨を宣言[16] し、開発途上諸国もこれを歓迎した。

　国連総会は 1988 年の決議以後も、1989 年、1990 年と連続して「現代および将来の世代の人類のための地球気候の保護」決議を採択し[17]、その結果、気候変動に関する国際条約を議論する唯一の場として設置された「気候変動枠組条約に関する政府間交渉委員会 (INC)」が条約案の作成を行うことについて、各国の合意を得ることに成功した[18]。

(b) 気候変動枠組条約の採択

　INC は、1992 年に開催される国連環境発展会議 (リオ会議) において、条約を署名・開放することを目的として、事実上 6 回の会合を行った。

　第 1 回会合 (ワシントン D.C.、1991 年 2 月)、第 2 回会合 (ジュネーヴ、1991 年 6 月) では、作業部会の構成等に関する組織的事項や意思決定手続などについて議論され、国連の地理的配分や先進国と開発途上国のバランスを考慮し、温室効果ガスの削減などの緩和政策や開発途上国に対する支援に関して検討する第 1 作業部会と、情報交換や資金・技術移転といった条約内の制度について検討する第 2 作業部会が設置されることになり、各部会には先進国と開発途上国からそれぞれ議長を選出する共同議長制が採用された[19]。

　本格的な条約案の交渉は第 3 回会合 (ナイロビ、1991 年 9 月) から始まるが、その直前に、開発途上国と先進国は、それぞれ条約に対する基本的な考え方についての意思を確認し、公表している。1991 年 6 月に開発途上国からなる 77 か国グループと中国は、北京で「環境と発展に関する開発途上国会議」を開催し、「環境と発展に関する北京宣言 (以下、北京宣言)」の中で、「温室効果ガスの排出に対する責任は、歴史的および累積的見地、ならびに現在の排出量の双方から

16　UN Doc. A/45/696/Add.1, p.18.

17　UN Doc. A/RES/44/207 and A/RES/45/212.

18　UN Doc. A/RES/45/212, paras.1-4.

19　UN Doc. A/AC.237/6, paras.19-23 and A/AC.237/9, paras.11-15.

検討されなければならない。衡平原則の基礎に立ち、より多くの汚染を引き起こすこれらの先進諸国がより多くの貢献をしなければならない。現在交渉中の気候変動に関する枠組条約は、先進諸国にこそ温室効果ガスの過剰な排出量に対して主要な責任があること、およびこれらの先進諸国こそがそのような排出量を安定化させ、削減するための即時的行動を取らなければならないということを明確に認識すべきである。開発途上諸国は、近い将来においていかなる義務の受諾も期待されえない[20]」として、気候変動が先進国の責任であると主張した。

これに対して、先進国側は、1991 年 7 月にロンドンで開催された主要先進国首脳会談の経済宣言[21] の中で気候変動問題に言及した。そこでは、先進国の積極的貢献を認めつつも、「すべての参加国は、温暖化への対応を容易にする措置を含め温室効果ガスの純排出量を制限する具体的な戦略を作成し、実施することを約束すべきである」ことを強調した。

第 4 回会合（ジュネーヴ、1991 年 12 月）では、各作業部会が準備した交渉テキスト[22] に基づき、条約の原則や温室効果ガスの排出削減目標について議論が行われ、先進国の多くが、前述の第 2 回世界気候会議閣僚宣言で確認された温室効果ガス排出量に関する目標を設定することを支持したものの、米国は、科学的知見を高めることを重視するという立場から目標の設定に反対した。

条約は 1992 年 6 月に開催されるリオ会議で署名・開放されることを予定していたため、直前に開催された第 5 回会合は、第 1 部（1992 年 2 月）だけでなく、第 2 部（1992 年 4-5 月）を開催した（いずれもニューヨーク）。両会合の間に、先進国と開発途上国の双方で妥協点を見出す会合を招集されるなど[23]、条約締結の

20　UN Doc. A/CONF.151/PC/85, para.2.

21　当時、サミットでは環境に関するトピックはまだ存在していなかった。ロンドン・サミット経済宣言第 49 パラグラフ。外務省経済局編『サミット関連資料集』（世界の動き社、1994 年）368-369 頁。

22　UN Doc. A/AC.237/Misc.17 and Add.1-9.

23　先進諸国は、4 月に OECD 本部で「気候変動枠組条約交渉に関する OECD 諸国非公式会合」を開催し、先進国間の調整をはかった。開発途上諸国は、第 2 回環境と開発に関する開発途上国会議をクアラルンプールで開催し、条約交渉において進展が見られないことに深い憂慮

気運が高まり、最終的に INC 第 2 部会合で条約は採択され、予定通りリオ会議で、生物多様性条約と共に署名のために開放された。その後、条約は、50か国が締約国になるという発効要件（第 23 条）を満たし、1994 年 3 月 21 日に発効した[24]。

(c) 京都議定書の採択

INC は気候変動枠組条約の採択に成功したが、条約は多くの条文[25]の中で、発効後に開催される締約国会議（COP）の第 1 回会合（以下、締約国会議の会期数を COP の後に付して「COP1」と表記する）で詳細を検討し、合意することを定めていた。特に、条約第 21 条によれば、締約国会議が設置されるまでの暫定的措置として、INC 事務局が条約上の任務を遂行すると規定していた。また、第 7条 4 項においても、締約国会議の第 1 回会合は、第 21 条に規定する暫定的な事務局が召集することが明記されていた。さらに、1992 年の国連総会決議でも、INC が「締約国会議第 1 回会合を準備するために引き続き職務を遂行する」ことが確認された[26]。このような状況で、INC は、最初の締約国会議が開催される1995 年 3 月までの間に、合計 6 回の会合を開催した。

1995 年 3 月から 4 月にかけてベルリンで開催された COP1 では、「ベルリン・マンデート（Berlin Mandate）[27]」と名付けられた決定で、1997 年の COP3（地球温暖化防止京都会議）までに、2000 年以降の先進締約国の温室効果ガス排出抑制削減

を表明しつつ、先進国の意味のある一定の誓約を強く要望するクアラルンプール宣言を採択した。浜中裕徳「第 2 回環境と開発に関する開発途上国大臣会議」『季刊環境研究』88 号（1992 年）52-59 頁。

24 気候変動枠組条約の交渉過程について、拙稿「気候変動条約交渉過程に見る国際環境法の動向－『持続可能な発展』を理解する一助として(1)(2・完)」『名古屋大学法政論集』160 号（1995年）39-81 頁、162 号（1995 年）107-147 頁。

25 具体的には以下の条文である。第 4 条 2 項（附属書Ⅰ締約国による国家情報）、第 7 条 3 項（補助機関の手続規則）、第 8 条 3 項（常設事務局の指定）、第 11 条 4 項（資金問題に関する暫定措置に関する決定）、第 12 条 7 項（開発途上締約国に対する技術上及び財政上の支援措置）、および第 13 条（条約の実施に関する問題解決のための多数国間協議手続の検討）。

26 UN Doc. A/RES/47/195, para.6.

27 公定訳（京都議定書前文）では「ベルリン会合における授権に関する合意」。

を、議定書またはその他の法的措置によって設定し、その際には開発途上締約国には新たな削減等の約束は導入しないことを確認し、さらに同プロセスを遅延なく開始するために、「ベルリン・マンデートに関する特別部会（AGBM）」を設置することなどが決まった。

実質的な議定書交渉の場となった AGBM は、議定書が採択された COP3 までの間に 8 回の会合を開催した。1996 年にジュネーヴで開催された COP2 では、次回の締約国会議を京都で開催し、そこで「議定書またはその他の法的文書」の採択を目指すことを確認するジュネーヴ閣僚宣言が採択された[28]。

1997 年 12 月に開催された COP3 では、161 か国の国家代表、国際機関、NGO、報道関係者など 1 万名近くが集まり、議定書のための最後の交渉が行われた。交渉は終盤まで難航し、議定書採択が危ぶまれたが、会期を 1 日延長してようやく「気候変動に関する国際連合枠組条約の京都議定書（京都議定書）」が採択された[29]。

京都議定書は、気候変動枠組条約の目的を達成するための実施協定であるが、条約と同様に、条文規定では具体的な内容を明記せず、議定書発効後に開催される締約国会合にその詳細を委ねる規定を残していた。そのため、翌年のCOP4 から議定書の細則を決めるための交渉がスタートした。

1998 年 11 月にブエノスアイレスで開催された COP4 では、気候変動枠組条約及び京都議定書上の今後解決すべき課題について、2 年後の COP6 までに作業を完了させることを目的とする「ブエノスアイレス行動計画」が採択された[30]。

1999 年 10 月にボンで開催された COP5 では、COP3 および COP4 で提示された重要課題について合意することができず、COP6 へ持ち越された。

2000 年 11 月にハーグで開催された COP6 は、上述の COP4 で提示された課

---

28 The Geneva Ministerial Declaration, UN Doc. FCCC/CP/1996/15/Add.1, pp.71-74.

29 Decision 1/CP.3, UN Doc. FCCC/CP/1997/7/Add.1, pp.4-30. 京都議定書の交渉過程について、拙稿「気候変動問題と地球環境条約システム―京都議定書を素材として(1)(2・完)」『三重大学法経論叢』第 16 巻 1 号（1998 年）43-70 頁および 2 号（1999 年）71-95 頁。

30 Decision1/CP.4, UN Doc. FCCC/CP/1998/16/Add.1, p.4.

題についての合意を目指して議論が行われたが、先進国と開発途上国間はもちろん、先進国間内でも意見の対立は解消せず、会議は中断し、翌年に再会合をボンで開催することだけ合意した。その後、米国が京都議定書を批准しないと表明するなど、国際的な協調が危ぶまれたが、2001 年 7 月にボンで開催された COP6 再会合で、ブエノスアイレス行動計画の実施の中核要素が一部修正の上政治的合意（ボン合意）として採択された[31]。

　同年 10 月にマラケシュで開催された COP7 は、ボン合意を法文化する文書が採択され、また、京都議定書を実施していく上で必要な京都メカニズム、吸収源、遵守制度等に関する運用規則（マラケシュ合意）が採択された[32]。

　京都議定書の運用規則が採択されたことにより、気候変動レジームの関心は、京都議定書の発効に移った。米国の不参加が確定したことにより、議定書の発効要件である「附属書 I に掲げる締約国の 1990 年における二酸化炭素の総排出量のうち少なくとも 55 パーセント（第 25 条 1 項）」の先進締約国を確保するという条件の達成が危ぶまれたが、COP8（デリー、2002 年）、COP9（ミラノ、2003 年）、COP10（ブエノスアイレス、2004 年）での議定書参加の強い要請などもあり、ロシアの批准により、上記条件を満たして京都議定書は 2005 年 2 月 16 日に発効した。

　2005 年 12 月にモントリオールで開催された COP11 は、京都議定書の締約国会合（CMP）も同時に開催され（以下、COP と CMP の会期をそれぞれの語尾につけて、COP11/CMP1 と表記）、前述のマラケシュ合意を議定書決定として正式に採択した[33]。

(d) 京都議定書からパリ協定へ

　京都議定書は、先進締約国に差異化された温室効果ガスの排出削減目標を法的拘束力ある義務として設定したが、その義務は 2008 年から 2012 年の 5 年間

31　Decision5/CP.6, UN Doc. FCCC/CP/2001/5, pp.36-49.

32　The Marrakesh Accords, UN Doc. FCCC/CP/2001/13/Add.1, pp.5-69.

33　UN Doc. FCCC/KP/CMP/2005/8/Add.1, Add.2, Add.3 and Add.4.

（第 1 約束期間）であり、2013 年以降の義務は、「1 回目の約束期間が満了する少なくとも 7 年前に当該約束の検討を開始する（第 4 条 9 項）」とされていた。もちろんこの第 2 約束期間の約束は、京都議定書附属書の改正を必要とする。また、議定書は、議定書の見直しについて、1 回目の検討を COP12/CMP2 で行うこととしていた（第 9 条 2 項）。そのため、COP11/CMP1 は、京都議定書に基づく附属書 I 締約国のさらなる約束のための特別作業部会（AWG-KP）を設置した[34]。

　2006 年にナイロビ（ケニア）で開催された COP12/CMP2 で、早速京都議定書改正問題について交渉が開始された。2007 年にバリ（インドネシア）で開催された COP13/CMP3 では、今後の作業計画が合意されたほか、「バリ行動計画」と称する行程表が作成され、条約の下で 2013 年以降の枠組み等を議論する新たな検討の場として「気候変動枠組条約の下での長期的協力の行動のための特別作業部会（AWG-LCA）」が設置され、2009 年までに作業を終えることに合意した[35]。

　2008 年にポズナン（ポーランド）で開催された COP14/CMP4 では、2013 年以降の地球温暖化対策の枠組みが中心課題として世界の注目を集めたが、大きな進展はなかった。2009 年にコペンハーゲンで開催された COP15/CMP5 は、京都議定書の第 1 約束期間終了後の枠組みを議論する最後の機会として、多数の首脳が出席し、多くの環境 NGO も注目する会議となったが、合意文書の形成過程が不透明性であることを理由に若干の開発途上国が採択に反対したため、議論は紛糾し、附属書 I 締約国の 2020 年までの温室効果ガスの排出削減目標や非附属書 I 国の新たな緩和行動の欄も空欄のままのコペンハーゲン合意に留意する（take note）にとどまり[36]、閉幕した。

　2010 年にカンクン（メキシコ）で開催された COP16/CMP6 では、「留意する」にとどまったコペンハーゲン合意の「合意」を目指していたが、準備不足に加え、交渉が難航したため、最終的には産業化以前よりの気温上昇を 2 度以内に

34　Decision 1/CMP.1, UN Doc. FCCC/KP/CMP/2005/8/Add.1, p.3.

35　Decision 1/CP.13, UN Doc. FCCC/CP/2007/6/Add.1, pp.3-7.

36　Decision 2/CP.15, UN Doc. FCCC/CP/2009/11/Add.1, pp.4-9.

することを共通の目標とし、開発途上国支援の枠組み作り等の一連の合意（カンクン合意）が得られたものの[37]、京都議定書以降の新たな国際枠組みについては COP17 に持ち越された。

2011 年にダーバン（南ア）で開催された COP17/CMP7 では、すべての国を対象とした新しい国際的な枠組みを検討する「ダーバン・プラットフォーム」の設置のほか、開発途上国の温暖化対策を支援する「緑の気候基金」設立に合意する決定を採択した[38]。

2012 年にドーハ（カタール）で開催された COP18/CMP8 で採択された「ドーハ気候ゲートウェイ」と呼ばれる合意文書では、京都議定書の第 2 約束期間を 2013 から 2020 年の 8 年とする改正（ドーハ改正）が採択された[39]が、日本、ロシア、ニュージーランドなど一部の先進国は、第 2 約束期間の排出削減目標には参加しないことを表明した[40]。その一方で、すべての国が参加する新たな枠組みに関する交渉の開始などについて合意された[41]。

2013 年にワルシャワ（ポーランド）で開催された COP19/CMP9 では、2020 年以降の新たな法的枠組に関する 2015 年までの合意に向けた考え方や段取りの具体化が議論されたものの、先進国と開発途上国の対立は激しく、新たな法的枠組の進展はなかった。その一方で、会議直前にフィリピンで発生した台風災害などの影響もあり、「損失及び損害」を検討する「ワルシャワ国際制度」が設置される[42]などの進展もあった。

2014 年にリマ（ペルー）で開催された COP20/CMP10 では、2020 年以降の枠

37　Decision 1/CP.16, UN Doc. FCCC/CP/2010/7/Add.1, pp.2-31.

38　Decision 1/CP.17 and 4/CP.17, UN Doc. FCCC/CP/2011/9/Add.1, pp.2-3, and 55-67. ダーバン会議までの交渉経緯について、加納雄大『環境外交　気候変動交渉とグローバル・ガバナンス』（信山社、2013 年）。

39　Decision 1/CMP.8, UN Doc. FCCC/KP/CMP/2012/13/Add.1, pp.2-12.

40　これにより、京都議定書は、2010 年排出レベルで世界全体の温室効果ガスの 13％しかカバーしないことになった。IPCC, *Climate Change 2014 Mitigation of Climate Change Working Group III Contribution to the Fifth Assessment Report of the Intergovernmental Panel on Climate Change*（Cambridge University Press, 2015）, p.1025.

41　Decision 2/CP.18, UN Doc. FCCC/CP/2012/8/Add.1, pp.19-20.

42　Decision 2/CP.19, UN Doc.FCCC/CP/2013/10/Add.1, pp.6-8.

組みについて、2015 年の COP21 前に提出する約束草案の情報等を示す「気候行動のためのリマ声明」が採択された[43]。

　2015 年にパリ（フランス）で開催された COP21/CMP11 では、これまでの会合と異なり、会合の初日に各国首脳を集めるなど、気候変動問題に対する法的枠組を構築する気運が高まった[44]。その結果、多くの環境 NGO や企業などのステイクホルダーの支持の下でパリ協定の採択に至った[45]。

　パリ協定採択後の動向については、第Ⅲ章 1 で紹介する。

3.　気候変動交渉における主要国と交渉グループ

　気候変動枠組条約制度の下では、委員会の構成などの配分は、国連の 5 つの地理的集団に基づいて行われることがほとんどだが、交渉においては、地域性だけでなく、気候変動問題に関する関心や利害関係などによってグループが形成されており、ほとんどの国がいずれかのグループに所属している（複数に所属する国もある）。以下では、気候変動に関する国際交渉に強い影響力を持つ国および交渉グループについて整理する。

(a)　欧州連合

　欧州連合（EU およびその加盟国）は、先進国の中で、気候変動問題に最も積極的で、京都議定書やパリ協定のための国際交渉でも常にリーダーシップを発揮してきた国家グループである[46]。

　気候変動枠組条約の交渉が開始した 1991 年の段階では、欧州共同体（EC）であり、加盟国も西欧 12 か国だったが、1993 年に成立した欧州連合は、東欧諸

43　Decision 1/CP.20, UN Doc.FCCC/CP/2014/10/Add.1, pp.2-5.

44　Henrik Jepsen, Magnus Lundgren, Kai Monheim and Hayley Walker ed., *Negotiating the Paris Agreement: The Insider Stories*（Cambridge University Press, 2021）.

45　Decision 1/CP.21, UN Doc. FCCC/CP/2015/10/Add.1.

46　鈴木良典「EU の気候変動政策」国立国会図書館調査及び立法考査局『岐路に立つ EU　総合調査報告書』（調査資料 2017-3）135-149 頁。And see, J. Gupta and M.J. Grubb ed., *Climate Change and European Leadership: A Sustainable Role for Europe?*（Springer, 2000）.

国の加盟により、2021年現在27か国（2020年に英国が脱退）によって構成されている。

　欧州連合は、欧州連合運営条約（リスボン条約）第11条で「環境保護の要請は、特に持続可能な開発を促進するために、連合の政策並びに活動の策定及び実施に取り入れられなければならない」ことを確認し、環境に関する第20編では、世界的な環境問題に対処するための国際的レベルの措置の促進のための重要課題として特に気候変動問題を掲げ（第191条1項）、予防原則（precautionary principle）や防止的行動（preventive action）を環境政策の目的の一つに掲げる（同条2項）。

　欧州連合は、COP1以降、基本的に交渉において統一行動を取り、温室効果ガス排出削減について、野心的な取組と脆弱な立場の国への連帯の必要性を強調している。その一方で、条約制度の枠組みの中で、加盟国とは別に欧州連合としてもPartyとして参加し、京都議定書では、事実上欧州連合にのみ適用可能な共同達成方式（第4条）を認めさせることに成功している。また、欧州域内で統一の排出量取引制度（EU-ETS）を開始するなど、市場メカニズムに基づく野心的な削減行動にも積極的である[47]。

(b) 米　国

　米国は、2000年代前半まで世界第1位の温室効果ガス排出国であり、現在でも先進国最大の排出大国である。また人口一人あたりの二酸化炭素排出量では、現在でも世界最大である。

　米国は、言うまでもなく世界最高の科学技術立国であり、気候変動に関するシミュレーションをはじめとした地球温暖化の研究が最も進んだ国である。他方で、世界有数の産油国でもあり、広い国土を利用した自動車産業が基幹産業でもあることから、化石燃料に依存する国でもある。

47　Jon Birger Skjærseth and Jørgen Wettestad, *EU Emissions Trading: Initiation, Decision-making and Implementation*（Routledge, 2008）, and Sonja Butzengeiger, and Axel Michaelowa ed., *The EU Emissions Trading Scheme*（Earthcan, 2017）.

　米国は、気候変動に関する国際交渉が始まった当初から、気候変動問題への積極的関与を強調する一方で、国別の温室効果ガスの排出削減目標の導入に強く反対していた。ブッシュ大統領（第41代）は、気候変動枠組条約の交渉において、先進国のみに温室効果ガスの排出削減目標を導入するのであれば、採択される条約に参加しないと抵抗した[48]。

　また、COP3における京都議定書の交渉において、ゴア副大統領（当時）を派遣するなど、民主党政権下の大統領府は交渉に積極的な姿勢を見せたものの、当時、連邦議会の上院は、米国経済に深刻な被害を与え、米国を含む先進国に温室効果ガス排出量の制限義務を課す一方で、同時期に開発途上国には温室効果ガスの制限ないし削減を課す新たな約束を設定しない気候に関する条約について、米国は署名すべきではないとする決議（バード・ヘーゲル決議）[49]を全会一致で採択し、ブッシュ大統領（第43代）も京都議定書の批准について議会に承認を求めることはしないと表明する[50]など、具体的な削減行動には消極的な姿勢を崩さなかった。

　米国は、京都議定書の交渉までは、日本、カナダ、オーストラリア、ニュージーランドといった欧州諸国以外の先進国の交渉グループ「JUSCANZ」を結成し、その中心的存在であった。同グループは、京都議定書採択後にロシア、ウクライナ、ベラルーシ、カザフスタンといった旧社会主義国やアイスランド、ノルウェーなどの欧州連合に加盟していない欧州諸国、さらにイスラエルを加え、アンブレラグループとして拡大した。

　前述したように、米国は政府を担う大統領府の姿勢や化石燃料の削減行動に伴う経済的影響により、気候変動問題への態度を変更する傾向にある[51]。

---

[48]　沖村理史「国連気候変動枠組条約体制とアメリカ」島根県立大学『総合政策論叢』36 巻（2018年）1-20 頁。

[49]　Byrd-Hagel Resolution, 105th Congress 1st Sessions. RES.98 [Report No. 105–54].

[50]　Letter to Members of the Senate on the Kyoto Protocol on Climate Change, *Weekly Compilation of Presidential Documents*, Vol.37-11（2001）.

[51]　Michel Grubb with Christiaan Vrolijk and Duncan Brack, *The Kyoto Protocol: A Guide and Assessment*（Earthcan, 1999）, pp.31-32.

(c) 日　本

　日本は、オイルショック以降、省エネルギー政策を積極的に導入し、特に産業部門における高いエネルギー効率を達成してきた。

　日本は、気候変動枠組条約および京都議定書の交渉では JUSCANZ の一員として、米国と密接な連携を保ちつつ、京都議定書を採択した COP3 でホスト国を務めるなど、条約交渉にも積極的に関与してきた。締約国会議では環境 NGO による「化石賞」を多数受賞するなど、野心的な削減行動に消極的であるとの評価もあるが、京都議定書交渉時に提案していた「プレッジアンドレビュー」方式が、事実上パリ協定で採用されるなど、現実的な提案を行っている。

　国内法に関しては、京都議定書の採択に伴い、翌年の 1998（平成 10）年に地球温暖化対策の基本的枠組みとして地球温暖化対策推進法が制定され[52]、適宜改正されながら、2021（令和 3）年の改正では、前年秋に政府が宣言した 2050 年カーボン・ニュートラルを基本理念として法に位置づけると共に、その実現に向けた脱炭素化の取組などを規定した[53]。また、2018（平成 30）年には、気候変動への適応を初めて法的に位置づけ、これを推進するための措置を講じる気候変動適応法も制定された[54]。

(d) 中　国

　中国の温室効果ガス排出量は、1990 年代までは、米国に次いで第 2 位であったが、京都議定書が発効した 2005 年頃には、世界最大の排出大国となった（**表1** 参照）。しかしながら、インドと同様に人口が多く、一人あたりの排出量はまだ少ないことから、77 か国グループに加わり、開発途上国と共に交渉グループを形成した。

---

[52]　環境庁地球環境部環境保全対策課「地球温暖化対策の推進に関する法律（特集 地球温暖化対策推進法が導く新たなる取組の展開）」『かんきょう』23 巻 12 号（1998 年）6-9 頁。

[53]　岸雅明「2050 年カーボンニュートラルを踏まえた地球温暖化対策推進法の改正について（特集 動き出す脱炭素化の取組み）」『生活と環境』66 巻 4 号（2021 年）11-18 頁。

[54]　角倉一郎「気候変動適応法の展開（特集 気候変動を巡る法政策）」『環境法研究』12 号（2021 年）49-76 頁。

　気候変動枠組条約の交渉過程において、中国は、北京で開発途上国を招集し、そこで採択された北京宣言[55]の中で「先進国責任論」を先導し、京都議定書の交渉においてもベルリン・マンデートを根拠に、中国を含む開発途上国の新たな義務の設定に強く反対した。

　その一方で、2000年代から経済成長と共に温室効果ガス排出量が増加し、京都議定書が発効する2005年には米国を上回り、最大の排出大国となると、開発途上国の中でも中国に対する削減行動を求める声が高まったことなどから、温室効果ガスの排出削減目標の設定を含む緩和政策に積極的な対応を見せている[56]。

(e) 開発途上国

　開発途上国は、気候変動の悪影響に脆弱な国が多いことから、気候変動に関する条約制度において、最も積極的なグループである[57]。緩和政策においては、先進国に野心的な温室効果ガスの排出削減目標の設定を主張し、適応政策においては、新規かつ十分な資金援助を要求する。しかしながら、すでに120以上の諸国によって構成される「77か国グループ」は、その地理的状況、経済力、産業構造、保有する天然資源などが異なるため、必ずしも一枚岩とは言えない。例えば、先述の中国と同様、インドはすでに世界第3位の温室効果ガス排出大国であり、その他に、ブラジルやメキシコなどのG20参加国やイランやサウジアラビアのような産油国は排出量も多い。他方で後述する小島嶼国やアフリカなどの後発開発途上国は、排出量は極めて少ないにもかかわらず、気候変動による海面上昇や干ばつなどの悪影響を最も深刻に被る諸国である。

---

[55]　UN Doc. A/CONF.151/PC/85, Annex.

[56]　堀井伸浩「中国の気候変動対策と国際秩序形成に向けた野望」『国際問題』692号（2020年）18-29頁。

[57]　Giorgia Sforna, "Climate Change and Developing Countries: from Background Actors to Protagonists of Climate Negotiations," *International Environmental Agreements: Politics, Law and Economics*, Vol.19-3 (2019), pp.273-295.

表1　主要国の二酸化炭素排出量の推移

国名	1990 年			2019 年			削減／増加比
	排出量 *1*2	割合 *1	順位	排出量	割合	順位	2019/1990
米国	4864.07	23.18	1	4821.30	14.08	2	0.99
中国	2204.59	10.50	2	9985.31	29.17	1	4.53
ロシア	2184.00	10.41	3	1652.10	4.83	4	0.76
日本	1060.21	5.05	4	1065.85	3.11	5	1.01
インド	568.09	2.71	7	2371.89	6.93	3	4.18
欧州 15 か国 *3	3084.81	14.70	(2)	2407.10	7.03	(3)	0.78
世界計	20988.10			34233.90			1.63

出典：IEA（国際統計・国別統計専門サイト「グローバル・ノート」より）から筆者作成
注意
1　排出量の単位は百万トン、割合はパーセント。
2　排出量の内訳について
 ・排出量は、各国の二酸化炭素（CO_2）排出量、化石燃料等の燃料燃焼による CO_2 排出量で、CO_2 以外の温室効果ガス（メタン、亜酸化窒素）は CO_2 換算して含まれている。
 ・IEA による推計値で各国が UNFCCC に提出している数値とは異なる。
 ・再生可能なバイオ燃料、エネルギー目的以外の化石燃料利用分は含まない。
 ・各国の排出量には国際航空輸送・国際海運の排出量は含まないが、世界計には含まれている。
3　欧州 15 か国は、ベルギー、デンマーク、ドイツ、アイルランド、ギリシャ、スペイン、フランス、イタリア、ルクセンブルク、オランダ、オーストリア、ポルトガル、フィンランド、スウェーデンおよび英国。

(f) 小島嶼国

　小規模の島々で構成される国や低海岸地域の国は、気候変動の悪影響による損害を最も被る。しかもこれらの国々のほとんどは開発途上国であり、一つ一つの国は、国際交渉に強いとは言えないため、強い団結力で気候変動交渉に臨んでいる。気候変動枠組条約の交渉時から、これらの国々は、「小島嶼国連合（AOSIS）」を結成し、開発途上国の中でも特に積極的な緩和措置を排出大国に要求し続けている[58]。現在は、カリブ海、太平洋、ならびにアフリカ、インド洋

---

[58]　Ronneberg, Espen, "Small Islands and the Big Issue: Climate Change and the Role of the Alliance of Small Island States," Kevin R. Gray, Richard Tarasofsky and Cinnamon Carlarne ed., *The Oxford Handbook of International Climate Change Law* (Oxford University Press, 2016), pp.761-777.

および南シナ海の 3 地域で 39 の国によって構成されている。

　クック諸島、フィジー、ナウルなど、小島嶼国のいくつかの国は、気候変動枠組条約、京都議定書およびパリ協定の署名時に、これらの気候変動に対処する多数国間協定への参加が、気候変動の悪影響についての国家責任に関する国際法に基づく権利を放棄するものではなく、これらの協定の規定は、気候変動の影響に対する一般国際法の原則または賠償についての主張や権利を消滅させるものと解釈してはならないとの宣言を付記している。また、AOSIS とは別組織だが、全ての AOSIS 加盟国に開放されている「気候変動及び国際法に関する小島嶼国委員会」は、2022 年 12 月に、海洋温暖化、海面上昇、および海洋酸性化を含めた気候変動の影響に関連する海洋環境保護義務について、国連海洋法条約締約国の具体的義務を問う勧告的意見を国際海洋法裁判所に要請した [59]。

　これら以外にも、スイスなどの EU 非加盟の欧州諸国と条約上開発途上国グループに所属する韓国とメキシコによって形成された環境十全性グループ (The Environmental Integrity Group) [60]、開発途上国の中でも経済成長著しい新興国グループ (ブラジル、南アフリカ、インドおよび中国の頭文字を取って BASIC) といった経済規模に基づくグループ、中南米諸国 [61]、アフリカ諸国 [62]、アラブ諸国 [63] など、開発途上国の中でも気候変動問題に関する利害関係によって複雑な交渉グループが形成されており、多数国間交渉の合意形成をより複雑なものにしている。

59　ITLOS, Request for an Advisory Opinion submitted by the Commission of Small Island States on Climate Change and International Law (Request for Advisory Opinion submitted to the Tribunal), at https://www.itlos.org/en/main/cases/list-ofcases/request-for-an-advisory-opinion-submitted-by-the-commission-of-small-island-states-on-climate-change-and-international-law-request-for-advisory-opinion-submitted-to-the-tribunal/ (as of November 1, 2023)

60　現在、ジョージアが加わる。

61　ラテンアメリカ及びカリブ独立連合 (Asociación Independiente de Latinoamérica y el Caribe: AILAC)。チリ、コスタリカ、ホンジュラス、パラグアイ、コロンビア、グアテマラ、パナマおよびペルーの 8 か国によって構成。

62　アフリカ交渉者グループ (African Group of Negotiators)。アフリカ 54 か国 (島嶼国を含む) によって構成。

63　中東および北アフリカの 22 か国によって構成。

II　気候変動に関する国際法

1. 気候変動と一般国際法
2. 気候変動に関する国際条約
3. 気候変動に対処する国際機関とステイクホルダー

1. 気候変動と一般国際法

(a) 国家責任法

　気候変動問題が国際問題である限り、その法的対応は、国際法に基づいて行われる。国際法の成立形式は、国際司法裁判所 (ICJ) 規程第 38 条によって説明されることが多いが、その中心的存在は、慣習国際法と条約である。少なくとも気候変動枠組条約が誕生するまで、温室効果ガスの排出も、気候変動による悪影響に対する損害への対応も、国際法の規律対象ではなかった。しかしながら、慣習国際法は、国家の国際法上の義務違反に対する対応について国家責任法という一般法を形成しており、特別の条約が存在しなくてもその適用は論理的に可能である。

　国家責任法については、伝統的に在外自国民の保護に関連して外交的保護権の行使に着目されていたが、国連国際法委員会は、国家責任法の法典化作業に取り組み、2001 年に「国際違法行為に対する国家責任に関する条文 (国家責任条文)」を採択した[1]。国連総会はこれを留意する (take note) にとどまり、条約として成立してはいないが、ICJ 判決の中でこの条文 (その前進である暫定草案を含む)

1　James Crawford, *The International Law Commission's Articles on State Responsibility* (Cambridge University Press, 2002).

が慣習国際法を反映していることを確認する[2]など、今日では国家責任法の中核的位置を占めている。同条文（訳文は『ベーシック条約集』参照）によると、ある行為が、「国際法に基づき当該国に帰属」し、かつ「当該国の国際義務違反を構成」する場合、国の国際違法行為が成立する（第2条）。国際違法行為の法的効果として、責任を有する国は、当該行為が継続している場合には、まず、その停止と再発防止を行い（第30条）、原状回復、金銭賠償および満足の形態で賠償する義務を負う（第34条）。温室効果ガス排出による地球温暖化現象により地球環境が悪化した場合、これを国際違法行為として責任を追及するためには、温室効果ガスの排出が国家に帰属し、かつそれが国際義務違反であることを立証する必要がある。しかしながら、二酸化炭素をはじめとする温室効果ガスの排出は、市民生活や企業にとって一定程度必要な活動の結果であって、排出そのものの違法性を認定することは困難である。そもそも、その量の過少の違いはあるものの、温室効果ガスの排出は、すべての国から行われており、国家責任法適用の前提である「責任国（加害国）」と「被侵害国（被害国）」の認定も困難である。

　この点に関連して、国家主権から導き出される領域管理責任の適用について検討してみる。領域管理責任とは、国家は、領域主権に基づき自国の領域を使用する、または私人に使用させる場合には、他国に重大な損害を発生させないよう「相当の注意」義務を負うとする一般国際法上の原則である。同原則は、20世紀初頭のパルマス島事件仲裁裁判所事件[3]や越境環境汚染問題であるトレイル精錬所事件[4]の中で確認され、国連発足直後のコルフ海峡事件ICJ判決[5]でも言及されている。例えば、トレイル精錬所事件で、仲裁裁判所は「国際法の原則に基づけば、いかなる国家も、事件が重大な結果をもたらし、かつその損害が明白で納得できる証拠によって立証される場合には、他国領域内で、もし

2　Case concerning the Gabčíkovo-Nagymaros Project, *ICJ Rep.*1997, paras., 49, 51 and 52. and Application of the Convention on the Prevention and Punishment of the Crime of Genocide（Bosnia and Herzegovina v. Serbia and Montenegro）, *ICJ Rep.*2007, paras., 385, 388, 398, 401, 406, 407, 414 and 419.

3　Island of Palmas Case, *RIAA*, Vol.2, pp.829-871.

4　Trail Smelter Case, *RIAA*, Vol.3, pp.1905-1982.

5　The Corfu Channel Case, *ICJ Rep.*1949, pp.4-169.

くは他国領域に対して、または他国領域内の財産もしくは人に対して、煤煙によって損害を生じさせるような方法で、自国領域を使用したり、使用を許可する権利を有するものではない[6]」と判示し、自国で操業する私企業の活動から生じた隣国米国での環境損害に対して、カナダの国家責任を認めた。この判決からも分かるように、領域管理責任は、被害国で生じた損害の発生を前提条件として、その損害を発生させる活動を防止するための管理責任を自国領域で果たしていないということが「相当の注意」義務を欠くとして、当該損害に対する事後救済としての国家責任を認めるものである。当然、責任国に帰属する行為と被害国の損害発生には相当の因果関係が必要であるが、温室効果ガスの排出とそれに伴う温暖化の悪影響にはかなりのタイムラグが発生すること、および気候変動の悪影響は、大気中の温室効果ガス濃度の結果であることから、ある国家の温暖化による被害の原因が、別の国家から排出された温室効果ガスによるものであると立証することは、ほとんど不可能である。また、そもそも人間の生活や経済活動の結果として不可避的に放出される温室効果ガスの排出を加害行為と呼ぶことも難しいが、そもそも国家責任法の射程が世代間衡平を含めていない限り、このような環境に対して間接的に悪影響を及ぼすに過ぎない物質の排出を国際的に規制することは容易ではなく[7]、企業や個人の自由な生産・消費活動が主たる原因である気候変動問題に対して、温室効果ガス排出をコントロールすることが国家の「相当な注意」義務に該当するかどうかは不明瞭である。そして、最大の課題は、国家責任の法的効果である。国家責任条文は、「責任国は、国際違法行為により生じた侵害に完全な賠償を行う義務を負う（第31条）」と規定し、その賠償の内容として「原状回復、金銭賠償及び満足（第34条）」を単独又はそれらの組み合わせで行うとしている。これらはいずれも事後救済であるが、いったん生じた温暖化による悪影響を原状回復することは事実上不可能であり、金銭賠償で回復することも困難である。

6　Trail Smelter Case, *supra* note 4, p.1965.

7　P. Taylor, *An Ecological Approach to International Law: responding to challenges of climate change*（Routledge, 1999）, pp.123-124.

　ただし、このことは、気候変動問題に国家責任法が適用できないことを意味するものではなく、特に後述する気候変動枠組条約レジームへの参加によって国家責任法の適用が排除されるものではないことに留意する必要がある。実際に多くの小島嶼国が、京都議定書およびパリ協定の批准の際に、気候変動の悪影響に対する国家責任に関する国際法上の権利を放棄するものではないことを確認する宣言を行っている[8]。また、後述する京都議定書およびパリ協定の遵守手続を含めて、条約義務違反に対して国家責任を追及する独自の手続を完備していない以上、一般国際法の国家責任法の適用を排除することはできない[9]。結果として ICJ をはじめとする国際的な司法手続によって、人為的な気候変動の結果に対して責任と賠償に関する法的評価を行う可能性は残されている[10]。

(b) 環境保護のための国際法原則

　国際環境法は、現代国際法の中でも最近になって体系化されてきた専門領域である。したがって、慣習国際法の形成も途上段階にあり、いわゆるソフト・ローとして機能する規範も存在する。ここでは、気候変動枠組条約の原則にも掲げられており、他の環境条約でも頻繁に挿入されている３つの原則「持続可能な開発」、「共通に有しているが差異のある責任」および「予防原則」について解説する。

8　たとえば、フィリピンのパリ協定受諾時の宣言。See United Nations Treaty Collection, Chapter XXVII Environment, 7.d Paris Agreement. その他にクック諸島、ミクロネシア、ナウル、ニウエ、フィリピン、ソロモン諸島およびツバルが同様の宣言を行っている。

9　Margaretha Wewerinke-Singh, *State Responsibility, Climate Change and Human Rights under International Law* (Hart Publishing, 2019), p.101.

10　Christina Voight, "The Potential roles of the ICJ in Climate Change related Claims," Daniel A Farber and Marjan Peeters ed., *Climate Change Law, Volume I* (Edward Elgar, 2016), pp.153-156. 2023 年 3 月 29 日、国連総会は、国家ならびに現在および将来の世代のために、人為的な温室効果ガスの排出から気候システムおよび他の環境の保護を確保するための国家の国際法上の義務、および国家の作為および不作為により、気候システムおよび他の環境に重大な損害が発生した場合に国家に課される当該義務の法的帰結について、国際司法裁判所に勧告的意見を要請する決議を採択した。UN Doc. A/RES/77/276.

持続可能な開発(sustainable development)[11]

「持続可能な開発」は、「将来の世代のニーズを損なうことなく、現在の世代がそのニーズを満たすこと[12]」と定義される。国連総会の要請により設置された環境と開発に関する世界委員会が1987年に発表した報告書『我ら共有の未来』の中に示されたこの定義は、今日においても一般的支持を得ている。

1992年に採択されたリオ宣言は、多くの原則の中で持続可能な開発に言及しているが、特に原則4の中で「持続可能な開発を達成するため、環境保護は開発過程の不可分の一部を構成し、それから切り離して考えることはできない」として、環境保護と経済開発の調和を強調している。もっとも、持続可能な開発について、国際法上、特に国際条約でこれを定義したものはほとんど存在しない[13]。他方で、国際裁判判例の中で、持続可能な開発の重要性を確認する判決をいくつか確認することができる。1997年のガブチコボ・ナジマロシュ計画事件の中で、ICJは、人類の自然への介入による現代および将来世代の人類へのリスクの認識、1970年代から20年間の新しい規範の形成を踏まえて、「経済開発を環境保護と調和させる…ニーズが、持続可能な開発という概念に適切に表明されている[14]」と述べた。その後、仲裁裁判所で争われた2005年の鉄のライン鉄道事件でも、上記事件判決を引用しつつ、「環境法と開発に関する法は、二者択一としてではなく、相互に補強しあう統合的な概念として存在し、それは、開発が環境にとって重大な損害を引き起こす場合、当該損害を防止するま

11　sustainable development の development を「開発」と訳すか、「発展」と訳すかについては、論者によって見解に相違がある。筆者は「発展」と訳すべきであると考えるが、気候変動枠組条約、京都議定書およびパリ協定の公定訳が「(持続可能な)開発」であることから、混乱を避けるため、本書では「開発」で統一する。

12　World Commission on Environment and Development, *Our Common Future* (Oxford University Press, 1990), p.31.

13　数少ない例として、「北東太平洋海洋沿岸環境の保護及び持続可能な開発に関する協力のための条約(アンチグア条約・2002年、未発効)」が、第3条1項(a)で「持続可能な開発」を「人間の生活の質における漸進的な変化のプロセスをいい、それは、社会的衡平および生産消費パターンの方法の変化によって、開発の中心かつ根本的主題と見なされるとともに、生態学的バランス及び地域の不可欠な支援の中で維持される」と定義している。

14　Case concerning the Gabčíkovo-Nagymaros Project, *ICJ Rep.*1997, para.140, p.78.

たは少なくとも緩和する義務が存在することを要請している [15]」ことを確認した上で、「この義務は、今や一般国際法の一つの原則となった [16]」との判断を示している。すなわち、国際裁判判例の中で、持続可能な開発は、環境保護と経済開発の調和概念であることを前提とした位置づけを維持しているとみることができる [17]。

　国連は、リオ会議、ヨハネスブルグ会議、リオ＋ 20 といった総会の特別会合での成果を経て、2015 年に持続可能な開発目標（SDGs）を採択した。SDGs は、2030 年までに持続可能でよりよい世界を目指すための 17 の目標と 169 のターゲットから構成されている。その中で目標 13 が気候変動であり、5 つのターゲットを置いている（**表 2** 参照）。

共通に有しているが差異のある責任

　共通に有しているが差異のある責任とは、地球規模環境問題が人類的課題であるとの見地から、すべての国が取り組むべき共通の責任であるという前提に立ちつつ、具体的な対応については、国家間により、先進国と開発途上国の間で差異を設けるという一種の二重（より正確には多重）規範である。リオ宣言は、原則 7 で「国は、地球の生態系の健全性及び一体性を保存し、保護し及び回復するために地球的規模のパートナーシップの精神により協力する」として共通の責任に言及すると共に、「先進諸国は、彼らの社会が地球環境にかけている圧力並びに彼らの支配している技術及び財源の観点から、持続可能な開発の国際的な追求において負う責任を認識する」と規定し、開発途上国よりも重い責任があることを明記している。もとより、国際法は、安全保障や開発経済などの分野で、主権平等原則を維持しつつ、国家間の異なる権利義務の設定を

---

15 Award in the Arbitration regarding the Iron Rhine（"Ijzeren Rijn"）Railway between the Kingdom of Belgium and the Kingdom of the Netherlands, *RIAA*, Vol.27, para.59, pp.66-67.

16 *Ibid.*

17 Cairo Robb, Marie-Claire Cordonier Segger and Caroline Jo, "Sustainable Development Challenges in International Dispute Settlement," Marie-Claire Cordonier Segger and Judge C.G. Weeramantry ed., *Sustainable Development Principles in the Decisions of International Courts and Tribunals: 1992-2012*（Routledge, 2017）, pp.147-171.

表2　持続可能な開発目標と目標13（気候変動）に関するターゲット

目標1	貧困	あらゆる場所のあらゆる形態の貧困を終わらせる。
目標2	飢餓	飢餓を終わらせ、食料の安全保障及び栄養の改善を実現し、持続可能な農業を促進する。
目標3	健康	あらゆる年齢のすべての人の健康的な生活を確保し、福祉を促進する。
目標4	教育	すべての人に包括的で公平な質の高い教育を確保し、生涯学習の機会を促進する。
目標5	ジェンダー	ジェンダーの平等を達成し、すべての女性の権利拡大を行う。
目標6	水と衛生	すべての人に水と衛生の利用可能性と持続可能な管理を確保する。
目標7	エネルギー	すべての人に手頃な価格で信頼できる持続可能で近代的なエネルギーの利用の機会を確保する。
目標8	成長と雇用	継続的かつ包括的で持続可能な経済成長、ならびにすべての人の完全かつ生産的な雇用及び働きがいのある人間らしい仕事を促進する。
目標9	イノベーション	強靱なインフラを造り、包摂的かつ持続可能な産業化を促進し、イノベーションを育む。
目標10	平等	国内及び国家間の不平等を削減する。
目標11	都市	都市及び人間の居住を包摂的で安全で強靱で持続可能なものにする。
目標12	生産と消費	持続可能な生産及び消費の形態を確保する。
目標13	気候変動	気候変動及びその影響に対処する緊急の行動を講じる。
目標14	海洋資源	持続可能な開発のために海洋と海洋資源を保全し、持続可能な形で利用する。
目標15	陸上資源	陸域生態系を保護し回復し及び持続可能な利用を促進し、森林を持続可能な形で管理し、砂漠化に対処し、土壌劣化を阻止し回復し、ならびに生物多様性の損失を阻止する。
目標16	平和	持続可能な開発のため平和的で包摂的な社会を促進し、すべての人に司法へのアクセスを提供し、あらゆるレベルにおいて効果的で説明責任のある包摂的な制度を構築する。
目標17	実施手段	持続可能な開発のための実施手段を強化し、グローバル・パートナーシップを活性化する。

目標13のターゲット

13.1	すべての国々において、気候関連災害や自然災害に対する強靱性（レジリエンス）及び適応の能力を強化する。
13.2	気候変動対策を国別の政策、戦略及び計画に盛り込む。
13.3	気候変動の緩和、適応、影響軽減及び早期警戒に関する教育、啓発、人的能力及び制度機能を改善する。
13.a	重要な緩和行動の実施とその実施における透明性確保に関する開発途上国のニーズに対応するため、2020年までにあらゆる供給源から年間1,000億ドルを共同で動員するという、UNFCCCの先進締約国によるコミットメントを実施すると共に、可能な限り速やかに資本を投入して緑の気候基金を本格始動させる。
13.b	後発開発途上国及び小島嶼開発途上国において、女性や青年、地方及び社会的に疎外されたコミュニティに焦点を当てることを含め、気候変動関連の効果的な計画策定と管理のための能力を向上するメカニズムを推進する。

※国連気候変動枠組条約（UNFCCC）が、気候変動への世界的対応について交渉を行う一義的な国際的、政府間対話の場であると認識している。

肯定しており、規範の多重性自身は国際環境法に特有のものではない[18]。また、前述したように先進国と開発途上国で責任に「差異」が生じる根拠については、両者の間で見解が異なるが、同原則がパートナーシップと衡平の観点からリオ宣言の中で確認されることについては合意に至っている[19]。

「差異のある責任」の内容は、第一に、先進国と開発途上国の間の実質的な義務の格差が認められ、これは先進国の特別の義務の付加と開発途上国の義務の猶予に具体化できる。前者については、先進締約国にのみ温室効果ガスの削減数値目標を定める京都議定書第3条および附属書Bが代表的である。後者については、気候変動枠組条約には見られないが、規制物質の消費量の少ない開発途上締約国に規制措置の実施の猶予を認めるオゾン層を破壊する物質に関するモントリオール議定書第5条が代表例である。第二に、先進国から開発途上国への支援は、一般的に技術移転および資金援助という手法が用いられる。気候変動枠組条約は第4条3項から5項で、附属書Ⅱ締約国の約束として資金供与と技術移転について規定する。京都議定書は基本的に同条約の諸規定を考慮した技術移転及び資金援助の制度を確認し（第10条(c)および第11条）、パリ協定も条約に基づく既存の義務を継続するものとして資金供与（第9条）と技術移転（第10条）の規定を置く。ただし、パリ協定は、気候変動枠組条約や京都議定書と異なり、附属書で先進締約国を固定化せず、各締約国が自ら差異化を判断することを認めている。

予防原則

予防原則は、1970年代のドイツ国内法に起源を持つとされている[20]が、国

18　松井芳郎『国際環境法の基本原則』（東信堂、2010年）171頁。

19　Philippe Cullet, "Principle 7 Common but Differentiated Responsibility," Jorge E. Viñualespp, ed., *The Rio Declaration on Environment and Development: A Commentary* (Oxford University Press, 2015), pp.232-236.

20　Antonio Augusto Cancado Trindade, "Principle 15 Precaution," Jorge E. Viñualespp, ed., *The Rio Declaration on Environment and Development: A Commentary* (Oxford University Press, 2015), p.404. その他、スウェーデン国内法にもルーツがあるとする説もある。大竹千代子・東賢一『予防原則―人と環境の保護のための基本理念』（合同出版、2005年）42-43頁。

際文書としては、1982 年に国連総会決議として採択された世界自然憲章[21]にその萌芽を確認することができる（第 11 項）。また地域的な国際合意として、1984年の北海の保護に関する国際会議宣言が、その結論の一つとして「海洋環境に対する損害が、回復不可能または回復のために多大な費用と長期間が必要であり、それゆえ沿岸国および欧州経済委員会は、行動を取る前に危険な影響の立証を待つ必要はない」ことを確認した[22]。普遍的な多数国間環境協定においてこの原則がより積極的かつ具体的に展開されるようになったのは、リオ会議以降である[23]。リオ宣言原則 15 は、「環境を保護するため、国により、予防的な取り組み方法がその能力に応じて広く適用されなければならない。深刻な又は回復不可能な損害のおそれがある場合には、完全な科学的確実性の欠如を、環境悪化を防止するための費用対効果の大きい対策を延期する理由として援用してはならない」と規定する。その後、気候変動枠組条約（第 3 条 3 項）、生物多様性条約（前文 9 項）のほか、国連公海漁業実施協定[24]（第 6 条）、ロンドン海洋投棄条約議定書[25]（前文 2 項および第 4 条による原則投棄禁止）、カルタヘナ議定書[26]

21　第 11 項 b「自然に対して重大なリスクを課する可能性がある活動に先立ち、包括的な検討を行う。このような活動を提議する者は、期待される利益が自然に対する可能な損害を上回ることを示すものとし、潜在的な悪影響が十分に理解できない場合には活動を進めるべきではない。」World Charter for Nature, U.N.Doc. A/RES/37/7. 訳文は、松井芳郎他編『国際環境条約・資料集』（東信堂、2014 年）11 頁。

22　Declaration of the International Conference on the Protection of the North Sea, 1 Nov. 1984, Conclusion A.7. 同会議は、3 年後の閣僚宣言で、「最も危険な物質の影響の損害が考えられる場合、北海を保護する為に予防アプローチが必要である」と述べ、より明確な形で予防原則を導入した。Ministerial Declaration in Second International Conference on the Protection of the North Sea, London, 24-5 Nov. 1987, Preamble, para VII.

23　ただし、1985 年に採択されたオゾン層の保護のためのウィーン条約（前文第 5 項）と 1987 年に採択されたオゾン層を破壊する物質に関するモントリオール議定書（前文第 6 項）の中で、すでに「予防措置（precautionary measures）」への留意を確認することができる。

24　分布範囲が排他的経済水域の内外に存在する魚類資源（ストラドリング魚類資源）及び高度回遊性魚類資源の保存及び管理に関する 1982 年 12 月 10 日の海洋法に関する国際連合条約の規定の実施のための協定（1995 年採択、2001 年発効）。

25　1972 年の廃棄物その他の物の投棄による海洋汚染の防止に関する条約の 1996 年の議定書（1996 年採択、2006 年発効）。

26　生物の多様性に関する条約のバイオセーフティに関するカルタヘナ議定書（2000 年採択、2003 年発効）。

（第 1 条）、POPs 条約[27]（第 1 条）など、多くの多数国間環境協定の中で定着した。リオ宣言や各協定の条文で、その規定ぶりは微妙に異なっており、その定義や適用要件について学説や実行も統一されているとは言えないが、将来世代の適切な環境保持のために現在世代が科学的不確実性に対する対応を変革するという観点から世代間衡平を内包した原則であると位置づけることができる。すなわち、予防原則の本質は、科学的不確実性を原則発動の起点に置いているという点に共通点を見出すことができる。この科学的不確実性の存在こそが、防止(prevention) 義務と区別する大きな相違点である[28]。

　この予防 (precaution) の性質を法的「原則」とみるか、単なる「アプローチ」に過ぎないかを含めた法的評価についてはなお対立が存在する[29]。したがって、その国際慣習法化については、肯定説も散見される[30]が、欧州諸国など一部の国家を除いて、国家の法的信念を確認することは困難であると考えられるため、少なくとも現段階では消極的に解するのが妥当である。国際裁判判例を確認しても、各裁判所は、予防原則に関する法的効果を確認することに極めて慎重な態度を崩していない。例えば、核実験事件再審事件では、原告ニュージーランドが、核実験を実施する前に環境影響評価を行う慣習法上の義務を被告フランスは負うとして予防原則に言及し[31]、ガブチコボ・ナジマロシュ計画事件では、ハンガリーがスロバキアとの間で締結したダム建設に関する条約を終了する根拠として予防原則を援用した[32]が、いずれも裁判所はその主張を認めず、多数意見の中でも予防原則には触れなかった[33]。ただし、国際海洋法裁判所裁判

---

[27]　残留性有機汚染物質に関するストックホルム条約(2001 年採択、2004 年発効)。

[28]　松井芳郎『前掲書(注 18)』105-108 頁。

[29]　Antônio Augusto Cançado Trindade, *supra* note 20, pp.411-412.

[30]　For example, Philippe Sands and Jacqueline Peel with Adriana Fabra and Ruth MacKenzie, *Principles of International Environmental Law* 4th ed., (Cambridge University Press, 2018), pp.229-240.

[31]　Request for an Examination of the Situation in Accordance with Paragraph 63 of the Court's Judgment of 20 December 1974 in the Nuclear Tests (New Zealand v. France) Case, Aide-mémoire of New Zealand, pp.17-19.

[32]　Gabčíkovo-Nagymaros Project (Hungary/Slovakia), Memorial of the Republic of Hungary, pp.198-203.

[33]　ただし、核実験事件再審事件の少数意見で、Weeramantry 裁判官および Palmer 裁判官が、予防原則の慣習化に言及している。See Request for an Examination of the Situation in Accordance

部が、2011 年の深海底活動に関する勧告的意見の中で、「予防的アプローチは、急増する多くの国際条約やその他の文書の中に組み入れられ、その多くが、リオ宣言原則 15 の形式を反映している」ことから「国際慣習法の一部を形成しつつある傾向を示している [34]」との見解を示した点は注目に値する。

2. 気候変動に関する国際条約

(a) 枠組条約制度と締約国会議

　気候変動問題に代表される地球規模環境問題のための国際法規範は、国際社会全体で対応しなければならない問題であることから、高い普遍性が求められる。そのため、オゾン層の保護に関するウィーン条約とモントリオール議定書をモデルとして、リオ会議以降の普遍的な多数国間環境協定の立法プロセスで積極的に導入され、気候変動に関する条約制度でも採用されているのが枠組条約制度である [35]。

　枠組条約制度とは、基本条約となる枠組条約と具体的な実施に関する議定書という複数の条約によって形成される。まず、枠組条約は、多くの国にとって支持することができる保護対象の特定、基本原則や目的の確認、条約組織の設置について規定する。条約によっては法的拘束力の伴わない努力目標を設定することもある。これにより、対象の環境問題について多くの締約国の確保を目指す [36]。

---

with Paragraph 63 of the Court's Judgment of 20 December 1974 in the Nuclear Tests (New Zealand v. France) Case, Dissenting Opinion of Judge Weeramantry and Dissenting Opinion of Judge Sir Geoffrey Palmer, *ICJ Report* 1997, pp.338, 342-344 and 411-412.

[34]　Responsibilities and Obligations of States Sponsoring Persons and Entities with Respect to Activities in the Area, Advisory Opinion, ITLOS Case No 17, Advisory Opinion of 1 February 2011, *ITLOS Rep.*2011, p.47, para.135.

[35]　地域的な環境条約としては、国連欧州経済委員会で採択された長距離越境大気汚染条約（1979 年）と同条約の下で採択された 8 の議定書がある。

[36]　UNEP, *Training Manual on International Environmental Law* (2007), pp.3-4. 山本草二「国際環境協力の法的枠組の特質」『ジュリスト』第 1015 号（1993 年）145-150 頁。

表3 気候変動枠組条約、京都議定書およびパリ協定の締約国会議の開催地と主な成果

開催年	UNFCCC	開催都市（開催国）	京都議定書	パリ協定	主な成果
1995	COP1	ベルリン（ドイツ）			ベルリン・マンデート
1996	COP2	ジュネーヴ（スイス）			ジュネーブ閣僚宣言
1997	COP3	京都（日本）			京都議定書
1998	COP4	ブエノスアイレス（アルゼンチン）			ブエノスアイレス行動計画
1999	COP5	ボン（ドイツ）			
2000	COP6	ハーグ（オランダ）			※京都議定書の運用規則に関する合意失敗
2001	COP6-2	ボン（ドイツ）			ボン合意
	COP7	マラケシュ（モロッコ）			マラケシュ合意
2002	COP8	ニューデリー（インド）			デリー宣言
2003	COP9	ミラノ（イタリア）			
2004	COP10	ブエノスアイレス（アルゼンチン）			ブエノスアイレス作業計画
2005	COP11	モントリオール（カナダ）	CMP1		京都議定書運用規則（マラケシュ合意の正式採択）
2006	COP12	ナイロビ（ケニア）	CMP2		
2007	COP13	バリ（インドネシア）	CMP3		バリ行動計画
2008	COP14	ポズナン（ポーランド）	CMP4		
2009	COP15	コペンハーゲン（デンマーク）	CMP5		※第一約束期間後の枠組合意に失敗（コペンハーゲン合意に「留意」）
2010	COP16	カンクン（メキシコ）	CMP6		カンクン合意
2011	COP17	ダーバン（南アフリカ）	CMP7		ダーバン・プラットフォーム
2012	COP18	ドーハ（カタール）	CMP8		ドーハ気候ゲートウェイ
2013	COP19	ワルシャワ（ポーランド）	CMP9		ワルシャワ国際制度
2014	COP20	リマ（ペルー）	CMP10		気候行動のためのリマ声明
2015	COP21	パリ（フランス）	CMP11		パリ協定
2016	COP22	マラケシュ（モロッコ）	CMP12	CMA1-1	マラケシュ行動宣言
2017	COP23	ボン（ドイツ）	CMP13	CMA1-2	※議長国はフィジー
2018	COP24	カトヴィツェ（ポーランド）	CMP14	CMA1-3	パリ協定運用規則（一部未決定）
2019	COP25	マドリード（スペイン）	CMP15	CMA2	※議長国はチリ
2020	COVID-19感染症拡大により中止				
2021	COP26	グラスゴー（英国）	CMP16	CMA3	グラスゴー気候合意
2022	COP27	シャルム・エル・シェイク（エジプト）	CMP17	CMA4	シャルム・エル・シェイク実施計画
2023	COP28	ドバイ（アラブ首長国連邦）	CMP18	CMA5	

　条約の下に設置される締約国会議は、一般に「条約の最高機関」として、締約国または他の内部機関から提出される報告書の検討、条約の実効性を改善するための勧告、条約の改正および議定書の採択などを行うために定期的に開催される。また、議定書など実施のための条約が発効した場合には、当該実施条約の締約国会合としての役割を果たすことが多い。締約国会議は、条約規定または発効後に開催される締約国会議の決定に従って定期的に開催される。実際に、気候変動枠組条約は、第1回会合の1995年以降、原則として国連の5つの地域の輪番でホスト国と開催都市が決定され、COVID-19感染症拡大により延期された2020年を除き、条約第7条4項に基づき、毎年開催されている（**表3** 参照）。

　締約国会議以外の組織として、事務局や補助機関が置かれる。気候変動枠組条約の事務局はドイツのボンに置かれている。また補助機関として、科学上及び技術上の助言に関する補助機関 (SBSTA) が、科学的知見の集積や開発途上国への技術支援を、実施に関する補助機関 (SBI) が、実施の評価や検討に対する締約国会議の補佐を行う。その他に開発途上国の資金援助のために資金メカニズムを設置する条約も多い。気候変動枠組条約では、世界銀行に設置されている地球環境ファシリティ（GEF）がその役割を担っている[37]。

　地球環境保全のための条約制度の多くは、枠組条約だけではその目的を達成することができない。したがって、枠組条約が発効した後、締約国会議は、条文の規定に従い、議定書の作成交渉に入る。議定書は、条約の目的達成のために、詳細な基準や義務を設定するほか、設定された義務の履行を監視するための遵守手続について規定する。気候変動枠組条約では、1997年に京都議定書を、2015年にパリ協定を採択した。

　このような枠組条約制度は、該当の環境問題について早期に国際的な取り組みを開始することができ、また合意が容易な内容であるため、大多数の国家の参加が期待できる。2023年10月末日の段階で、気候変動枠組条約は198（EU

---

[37]　田村政美「国連気候変動枠組条約制度の発展と締約国会議決定」『世界法年報』19号（2000年）23-46頁。

を含む）の締約国を確保しており、同様に京都議定書の締約国数は 192、パリ協定の締約国数は 195 である。

　締約国会議は、その他にも条約や議定書（附属書を含む）の改正や実施のためのガイドラインや手続の採択、作業行程等を締約国会議の決定により策定する。これらの作業は、定期的かつ段階的に行われるため、科学的知見に応じた対応が可能となる。もちろん、締約国会議の決定は、多くの国際機関の決議と同様に、原則として締約国を法的に拘束しない。しかしながら、京都議定書のマラケシュ合意やパリ協定のグラスゴー気候合意のように、議定書／協定の運用規則は、締約国の議定書／協定の義務の履行を厳しく方向づけるものであり、事実上これに反する行為は議定書／協定の義務不遵守となる。またベルリン・マンデートのように法的拘束力のある議定書交渉の方向性を決定づけるなど、決定の効果は極めて大きい。

　以下、気候変動枠組条約と同条約の下で採択された京都議定書およびパリ協定について解説する。

(b) 気候変動枠組条約

　「気候変動に関する国際連合枠組条約（気候変動枠組条約）」は、気候変動に関する最初の多数国間条約であり、後に採択される京都議定書およびパリ協定の基礎を提供する基本条約である。

　気候変動枠組条約は、前文で、「地球の気候の変動及びその悪影響が人類の共通の関心事であることを確認」し、先進国と開発途上国との温室効果ガス排出量の格差や気候変動問題の不確実性、各国の能力の違いなどを認識しつつ、1972 年のストックホルム会議およびそれ以降、特に 1989 年以降の国連総会決議に言及し、島嶼国や低地国、乾燥地域や砂漠化地域といった、気候変動の悪影響を受けやすい国のみならず、化石燃料に経済を依存している国について、温室効果ガスの排出抑制措置の結果、特別の困難が生じることも認めつつ、気候変動への対応について、社会及び経済の開発に対する悪影響を回避するために総合的な調整がはかられるべきことを確認する。

　その上で、第1条で条約の適用上の定義を規定した後、第2条で「気候系に対して危険な人為的干渉を及ぼすこととならない水準において大気中の温室効果ガスの濃度を安定化させることを究極的な目的」として規定する。この規定は、締約国を主語としておらず、宣言的な表現を用いているため、条約法条約の「趣旨及び目的（第18条および第31条）」に該当するかどうかは不明である[38]。

　そして、第3条で、条約の原則を5つ確認する。このうち、第1項の共通に有しているが差異のある責任原則、第3項の予防（アプローチ）原則、および第4項の持続可能な開発原則は、前節で言及した通り、国際環境法の基本原則として確認することができる。第2項の「開発途上国の個別のニーズ及び特別の事情への考慮」原則は、前項の共通に有している差異のある責任原則に対応して開発途上国の支援を促している。第5項の「協力的かつ開放的な国際経済体制の確立」原則は、「気候変動に対処するためにとられる措置（一方的なものを含む）は、国際貿易における恣意的若しくは不当な差別の手段又は偽装した制限となるべきではない」ことを確認し、冷戦構造崩壊後の世界的な自由貿易体制との整合性に配慮する[39]。

　第4条は、締約国の約束[40]を規定する。ここで、条約は、締約国を3つのカテゴリーに分類し、それぞれに異なる約束を設定する。まず、すべての締約国は、温室効果ガスの排出及び吸収の目録の作成および定期的な更新（a項）、温室効果ガス削減等に関する計画の作成および定期的な更新（b項）、温室効果ガス排出抑制および吸収源等の促進ならびに協力（cおよびd項）、気候変動の影響に対する適応のための準備についての協力（e項）、気候変動に関する政策および措置への考慮（f項）、気候変動に関する情報や啓発等の協力（g-i項）、ならびに実施に関する情報の締約国会議への送付（j項）を行う。

---

38 Daniel Bodansky, "The United Nations Framework Convention on Climate Change: A Commentary," *Yale Journal of International Law*, Vol.18（1993）, p.500.

39 *Ibid.*, p.505.

40 この「約束（commitment）」という用語は、国際法上条約締約国を法的に拘束する「義務」よりも緩やかなイメージもあるが、具体的な温室効果ガス削減義務を課す京都議定書でも使用されており、法的拘束力の程度や強弱を示すものではない。

　次に、条約は、附属書Iで条約採択時のOECD加盟国(24か国)と旧社会主義国(11か国)[41]からなる35か国と地域(欧州共同体)を列挙し、共通に有しているが差異のある責任原則に基づき、第4条2項で、これらの締約国に、温室効果ガスの排出量を1990年代の終わりまでに従前の水準に戻すことを目標に、緩和のための政策措置の実施(a項)、および温室効果ガス排出量を含む情報の締約国会議への報告(b項)を課す。この「従前の水準」とは1990年の排出量を指すとされているが、これが附属書I国共同の義務と見るかどうかについては解釈が分かれている[42]。いずれにせよ規定内容の曖昧性に鑑みれば、あくまでも先進締約国の共通の努力目標にとどまると考えられる。さらにOECD加盟国は、附属書IIに掲げられ、開発途上締約国に対する新規かつ追加的な資金の供与(第4条3項)、気候変動の悪影響を特に受けやすい開発途上国への適応費用への支援(同条4項)、および他の締約国(特に開発途上国)への環境上適正な技術等の移転(同条5項)といった措置を行う。

　条約は、すべての締約国が参加する締約国会議をこの条約の最高機関として設置し(第7条2項)、条約発効後、毎年通常会合が開催される(同条4項)。締約国会議の任務は、この条約に基づく締約国の義務及び制度的な措置の定期的な検討(同条2項(a))、締約国間の情報交換の促進(同項(b))、条約の目的達成の進捗状況の評価(同項(e))、条約の実施状況に関する定期的な報告書の検討と採択、およびその公表(同項(f))、補助機関の設置および報告書の検討(同項(i)および(j))、他の国際機関等との協力(同項(l))に加えて、この条約(附属書を含む)の改正(第16条)および議定書の採択(第18条)を行う。

　条約は、締約国会議の他に、常設の事務局(第8条)を置くほか、常設の補助機関として科学上及び技術上の助言に関する補助機関(SBSTA)および実施に関する補助機関(SBI)を設置し(第9条および第10条)、それぞれの任務に応じて定期的な検討を行い、条約の締約国会議でも会合を開く。資金供与の制度は、

---

[41]　条約では「市場経済への移行の過程にある国」。なお、条約採択時には一つの国であったチェコスロバキアは、1993年にチェコとスロバキアに分裂した。

[42]　Daniel Bodansky, *supra* note 38, p.512-517.

既存の国際組織に委託することとされ（第 11 条 1 項）、地球環境ファシリティ（GEF）⁴³ がその役割を担う。

　条約の解釈又は適用に関する紛争については、「交渉又は当該紛争当事国が選択するその他の平和的手段による紛争の解決に努める（第 14 条）」こととされているが、ICJ をはじめとする国際裁判所の強制管轄権は認められておらず、調停に関する手続（同条 7 項）も採択されていない。しかしながら、締約国間の直接的な紛争解決手続は、この条約ではほとんど想定されておらず、この条約の実施に関する問題の解決のための多数国間の協議手続（第 13 条）の検討がCOP1 で勧告された⁴⁴。

　第 15 条は条約の改正、第 16 条は条約の附属書の採択および改正について規定する。これまでに 1997 年（附属書 I 国のリストの変更）⁴⁵、2001 年（附属書 II 国のリストの変更）⁴⁶ および 2009 年（附属書 I 国のリストの変更）⁴⁷ の 3 回改正が行われている。

　第 17 条は、この条約の下で機能する議定書の採択について規定する。後述する京都議定書はもちろん、「議定書」ではなく「協定」と名付けられたパリ協定も本条を根拠に採択されている。

　第 18 条以下は、条約の最終条項を規定する。条約は「50 番目の批准書、受諾書、承認書又は加入書の寄託の日の後 90 日目の日に効力を生ずる（第 23 条）」規定により、採択から 1 年 10 か月後の 1994 年 3 月に発効した。留保については、ほとんどの多数国間環境協定と同様に、条約にはいかなる留保を付することができない（第 24 条）。条約は、発効後 3 年を経過した後に脱退手続を開始

43　世界銀行、UNDP および UNEP によって、1991 年に試験的に設置され、リオ会議で開発途上国の資金援助を目的として機能することが決まった。GEF の詳細について、久保田英嗣「国際環境法における技術協力－地球環境ファシリティーを中心に－」『青山社会科学紀要』24 巻 2 号（1996 年）41-60 頁。

44　Decision 20/CP.1, UN Doc. FCCC/CP/1995/7/Add.1.

45　チェコスロバキアの削除、ならびにクロアチア、チェコ共和国、リヒテンシュタイン、モナコ、スロバキアおよびスロベニアの追加。See UN Doc. Decision 4/CP.3, FCCC/CP/1997/7/Add.1, p.33.

46　トルコの削除。See UN Doc. Decision 26/CP.7, FCCC/CP/2001/13/Add.4, p.5.

47　マルタの追加。See UN Doc. Decision 3/CP.15, FCCC/CP/2009/11/Add.1, p.10.

することができ、早くて 1 年後（したがって最速で発効日から 4 年後）に脱退することができる（第 25 条）。ただし、気候変動枠組条約を脱退した締約国はまだ存在しない。

　その他に、投票権（第 18 条）、寄託者（第 19 条）、署名（第 20 条）、発効までの暫定措置（第 21 条）、批准、受諾、承認又は加入（第 22 条）、および正文（第 26 条）を規定する。

　条約本文の後に付された附属書には、前述したように、西側先進国と旧社会主義国（市場経済への移行の過程にある国）を列挙した附属書 I と、西側先進国を列挙した附属書 II が置かれている。

(c) 京都議定書

　1997 年 12 月に開催された COP3 で採択された京都議定書は、その前文で気候変動枠組条約第 2 条の目的と第 3 条の原則を確認しつつ、COP1 で採択されたベルリン・マンデートと呼ばれる「ベルリン会合における授権に関する合意」を踏まえ、特に気候変動の緩和のための具体的な行動を締約国に義務づける。

　第 1 条は、条約上の定義（第 1 条）に加え、新たに議定書の解釈上重要な文言の定義が加えられている。第 2 条は、温室効果ガスの排出の抑制及び削減に関する数量化された約束を達成するために、締約国の政策措置を規定するが、「自国の事情に応じて」（同条 (a)）実施することを認めており、締約国の広い裁量を認めている[48]。

　京都議定書の最も重要かつ特徴的な規定は、先進締約国に課された温室効果ガスの数量化された排出抑制削減約束（第 3 条）である。条約の附属書 I 国に対して、議定書の附属書 A に掲げる温室効果ガスの全体の量を 1990 年を基準にして、第 1 約束期間（2008 年から 2012 年）において附属書 B に記載されている

---

[48] Michel Grubb with Christiaan Vrolijk and Duncan Brack, *The Kyoto Protocol: A Guide and Assessment* (Earthcan, 1999), pp.124-127.

表4　京都議定書附属書B（温室効果ガスの数量化された排出抑制削減約束）

97	12	国名	I	II	備考
J	U	オーストラリア	108	100	
	U	アイスランド	110	80	
J	U	ノルウェー	101	84	
J		スイス	92	84	
		リヒテンシュタイン	92	84	
		モナコ	92	78	
		マルタ		80	(2004年EU加盟)
		キプロス		80	(2004年EU加盟)
EU15	EU28	オーストリア	92	80	
		ベルギー	92	80	
		デンマーク	92	80	
		フィンランド	92	80	
		フランス	92	80	
		ドイツ	92	80	
		ギリシア	92	80	
		アイルランド	92	80	
		イタリア	92	80	
		ルクセンブルグ	92	80	
		オランダ	92	80	
		ポルトガル	92	80	
		スペイン	92	80	
		スウェーデン	92	80	
		英国	92	80	(2020年EU脱退)
市場経済移行過程国		ブルガリア	92	80	(2007年EU加盟)
		チェコ共和国	92	80	(2004年EU加盟)
		ハンガリー	94	80	(2004年EU加盟)
		ポーランド	94	80	(2004年EU加盟)
		スロバキア	92	80	(2004年EU加盟)
		スロベニア	92	80	(2004年EU加盟)
		ルーマニア	92	80	(2007年EU加盟)
		クロアチア	95	80	(2013年EU加盟)
		エストニア	92	80	(2004年EU加盟)
		ラトビア	92	80	(2004年EU加盟)
		リトアニア	92	80	(2004年EU加盟)
		ベラルーシ		88	旧ソ連構成国
		カザフスタン		95	
	U	ウクライナ	100	76	
	U	ロシア	100		
J	U	日本	94		II期から義務なし
J	U	ニュージーランド	100		
J	U	カナダ	94		II期から脱退
J	U	米国	93		I期から不参加

左表の見方
[97]：1997年（京都議定書採択時）のグループ
[12]：2012年（京都議定書改正時）のグループ
J: JUSSCANNZ
U: アンブレラ・グループ

約束期間
[I]：2008-2012（5年）
[II]：2013-2020（8年）

各国別の割当量を超えないことが義務づけられる[49]。第2約束期間については、2012年に附属書Bを改正して設定された（**表4**参照）[50]。附属書Aに掲げる温室効果ガスは、二酸化炭素、メタン、一酸化二窒素、ハイドロフルオロカーボン、パーフルオロカーボン、および六ふっ化硫黄で、第2約束期間（2013年から2020年）は、これに三ふっ化窒素が加わった。この目標が達成された場合は、余剰の削減量は、達成した締約国の要請により、次期約束期間に繰り越すことができるが（同条13項）、達成できなかった場合に次期約束期間から借り入れることはできない[51]。

　この目標を達成するためには、温室効果ガス排出量を削減・抑制するだけでなく、吸収源の変化もカウントされる（3項）。この規定は、1998年の補助機関会合で、「1990年1月以降の新規植林・再植林・森林減少といった直接人間が引き起こした活動の結果として第1約束期間の間に炭素貯蔵量に生じた検証可能な変化」によって調整されることが確認された[52]。なお、温室効果ガス削減目標を達成するために、各締約国は、後述する市場メカニズムを利用することができる（10-12項）。モントリオール議定書でも、規制対象のフロンガスの生産量を他の締約国に移転することを容認していたが（第2条5項）、京都議定書は、より積極的に温室効果ガスの排出量削減のための締約国間の共同措置を導入している。

　「京都メカニズム」と呼ばれるこのような措置は、第6条の共同実施、第12条の低排出型の開発の制度（クリーン開発メカニズム）、および第17条の排出量

49　ハイドロフルオロカーボン、パーフルオロカーボン、および六ふっ化硫黄については、1995年を基準年にすることが認められている（第3条8項）。三ふっ化窒素についても、1995年又は2000年を基準年にすることが認められている（第3条8項の二）。

50　Decision 1/CMP.8,UN Doc. FCCC/KP/CMP/2012/13/Add.1, pp.2-12. ただし、発効は期間終了直前の2020年12月31日。

51　米国等一部の先進国が、次期約束期間からの繰越を可能とする条文案を主張していたが、削減目標の法的拘束力を無意味にしてしまうという批判を浴び、COP3で削除された。See *Earth Negotiations Bulletin*, Vol.12-71（1997）, p.1.

52　UN Doc. FCCC/SBSTA/1998/6, p.17.

取引からなる⁵³。このうち、共同実施と排出量取引は、附属書I国間でのみ適用可能なメカニズムであり、クリーン開発メカニズムは、附属書I国と非附属書I国との間で実施されることが想定されている。議定書では各制度の詳細を規定することはできず、2001年のCOP7で運用規則について合意し、議定書発効後に開催されたCOP11/CMP1で正式に採択された。各メカニズムの詳細については、第III章2(b)経済的手法で解説する。

　第5条は、温室効果ガス削減のための国内制度の作成とそのためのガイドラインの決定に関して、また第7条は、排出源および吸収源の目録の作成など、国家情報送付およびそのガイドラインの採択などを規定する。そして同条に基づいて送付される国家情報は第8条に従って、専門家検討チームによって検討される。

　第9条は議定書の見直しについて、第10条は非附属書I締約国を含めたすべての締約国に対する約束を確認する。その際、附属書B締約国は気候変動枠組条約第4条を考慮し、開発途上国が負担するすべての合意された費用に充てるため新規かつ追加的な資金を供与しなければならないことが第11条で確認されている。

　第13条は議定書の締約国会合について規定し、気候変動枠組条約の最高機関である締約国会議が、そのまま議定書の締約国会合として機能する(1項)。議定書の締約国でない条約締約国は、オブザーバーとして参加が認められる。ただし締約国会議が締約国会合として機能する場合は、当該決定は議定書締約国のみによってなされる(2項)。また国連とその専門機関、および非政府機関も、議定書の定める手続に従ってオブザーバーとして参加することができる(8項)。

　締約国会合の任務は、議定書に基づく情報に基づいた気候変動に関する国際的な対応の評価(4項(a))、議定書に基づく締約国の義務の点検および報告の検討(同項(b))、締約国が採用する措置に関する情報の交換の促進・助長、および複数の締約国の採択する措置の調整(同項(c)および(d))、議定書の効果的

53　第4条の共同達成も排出削減目標の締約国間の共同による履行であり、欧州共同体のみが対象である。

な実施のための比較可能な方法の開発と定期的な改良の推進・指導（同項 (e)）、本議定書の実施のために必要な事項に関する勧告（同項 (f)）、追加的資金供給の努力（同項 (g)）、本議定書実施のために必要な補助機関の創設（同項 (h)）など多岐にわたる。第14条は事務局に関して、第15条は補助機関に関して規定する。

第16条は、気候変動枠組条約第13条に規定する多数国間協議手続の本議定書への適用および適切な改正についての検討を締約国会議において可能な限り早急に行わなければならない旨を規定する。

第18条は、議定書発効後の最初の締約国会議において、議定書の不履行に関する手続に関して承認しなければならないと規定する。同条に基づいて締約国会合で採択された遵守に関する手続および制度は、遵守委員会の中に潜在的不遵守の早期警告を行う促進部（Facilitative Branch）と「環境十全性 (integrity)」を確保するための不遵守の回復（restoration）を目的とする執行部（Enforcement Branch）の2つの部を設置し、特に執行部は、議定書第3条1項に基づく数量化された排出抑制削減約束、議定書第5条1および2項、ならびに第7条1および4項に基づく方法および報告に関する要件、および京都メカニズムの適格性の要件について、不遵守であるか否かを決定する責任を負う。その結果、数量化された排出抑制削減約束について不遵守があった場合には、当該締約国の第2約束期間の割当量から超過排出量の総トン数の1.3倍に等しいトン数の差し引き、遵守行動計画の作成、および排出量取引の参加資格について適格性の停止といった措置を取る。これらの措置は、先進締約国にとって厳しい対応であるため、他の遵守手続には見られない上訴の手続も用意されている[54]。ただし、これらの措置の法的拘束力については、議定書第18条第2文「この条の規定に基づく手続及び制度であって拘束力のある措置を伴うものは、この議定書の改正によって採択される」にもかかわらず、改正されていないことから否定的に解せざるをえない[55]。また第19条は紛争解決手続について、気候変動枠組条約

---

[54] Decision 27/CMP.1, UN Doc. FCCC/KP/CMP/2005/8/Add.3, pp.92-103.

[55] 京都議定書の遵守手続については、拙稿「地球環境条約における遵守手続の方向性－気候変動条約制度を素材として」『国際法外交雑誌』101巻2号（2002年）243-266頁。

第 14 条に必要な変更を加えて適用されると規定する。

　第 20 条は、議定書の改正について規定する。改正に伴う手続は気候変動枠組条約と同様である。第 21 条は、附属書に関する規定である。本条も気候変動枠組条約の附属書に関する規定と同様である。これまでに、2006 年（附属書B 国のリストの変更）[56] および 2012 年（いわゆるドーハ改正）[57] の 2 回の改正が行われ、前者は未発効だが、後者は 2020 年 12 月 31 日に発効した。

　第 22 条は締約国の投票権について、第 23 条は議定書の寄託者について、第 24 条は議定書の署名・批准、受諾、承認、加入の手続について規定する。第 25 条は議定書の発効要件について規定する。本議定書は附属書Ⅰ締約国全体の 1990 年の合計二酸化炭素排出量の少なくとも 55 パーセント以上の附属書Ⅰ締約国が加入していることを条件とし、55 か国の気候変動枠組条約締約国が批准した後、90 日後に発効する。この前者の発効条件を満たすことができなかったため、議定書の発効は、多数国間環境協定の中では比較的時間がかかり、採択から 7 年 2 か月を要した。

　第 26 条は留保について、第 27 条は脱退に関して、条約（第 24 条および第 25 条）と同様の規定を置いている。2011 年 12 月に、カナダは議定書第 27 条に基づき、脱退を表明し、1 年後脱退した。多数国間環境協定では珍しい事例である。

　条約本文の後には、温室効果ガスを列挙する附属書 A、温室効果ガス削減目標が課される先進締約国とその数値を示す附属書 B が付される。

　なお、後述するパリ協定の採択により、京都議定書の法的地位が問題となる。京都議定書は条文上終了規定を置いていないので、条約法条約第 30 条および第 59 条の適用が考えられる[58]。もっとも、議定書とパリ協定が必ずしも「同一の事項に関する相前後する条約」であるとは言えず、実際に協定発効後も京都

56　ベラルーシの追加。UN Doc. Decision10/CMP.2, FCCC/KP/CMP/2006/10/Add.1, pp.36-37.

57　附属書 B の第Ⅱ約束期間の数値目標、第 3 条 8 項および附属書 A の温室効果ガスのリスト、第 4 条 2 項および 3 項の修正、ならびに第 3 条 1 項の二、三および四、7 項の二および三、8 項の二、12 項の二および三の追加。See, Decision 1/CMP.8, UN Doc. FCCC/KP/CMP/2012/13/Add.1, pp.2-12.

58　Lawyers Responding to Climate Change, "Fate of Kyoto Protocol post Paris," *Legal assistance paper* at https://legalresponse.org/legaladvice/fate-of-kyoto-protocol-post-paris/ (as of November 1, 2023).

議定書は効力を維持し、締約国会合も開催されている。他方で、議定書の中核であった温室効果ガスの排出削減目標は、第二約束期間である 2020 年をもって更新されず、パリ協定がこれに変わる目標を設定した。また、京都議定書で設置された市場メカニズムも一定の条件の下でパリ協定での利用が認められている (後述)。したがって、実質的にパリ協定が京都議定書の後継条約であることも事実である。

(d) パリ協定

表 5　京都議定書とパリ協定の比較

		京都議定書	パリ協定
採択年／発効年		1997/2005	2015/2016
法的拘束力		あり	あり
排出削減目標	対象期間	2018-2012（第 1 約束期間） 2013-2020（第 2 約束期間）	2020 年以降、5 年ごとに見直し
	対象国	先進国（附属書 B 国）	全締約国
	削減行動 （数値目標）	数量化された排出抑制削減約束 （QELROs）	国が決定する貢献 （NDCs）
	目標の拘束力	あり	なし
締約国数		192	195
特記事項		米国は不参加、カナダが 2012 年に脱退	米国が 2020 年に脱退、2021 年再受諾

※締約国数は 2023 年 10 月末日時点で、EU を含む。

　パリ協定は、気候変動枠組条約の下で、2015 年にパリで開催された COP21 で採択された。京都議定書とは別の国際条約であるが、事実上京都議定書を継承する多数国間環境協定である [59]。

　京都議定書と異なり、パリ協定は非常に長い前文を置いている。その中には、気候変動枠組条約の内容の確認（条約原則の確認（第 3 項）、開発途上締約国の特別の事情（第 5 項）、人類の共通の関心事（第 11 項））や、これまでの国際交渉の経緯（ダー

59　高村ゆかり「パリ協定で何が決まったか―その評価と課題」『環境と公害』45 巻 4 号（2016 年）33-38 頁。

バン・プラットフォーム（第2項））だけでなく、食糧安全保障（第9項）、気候の正義（第13項）、持続可能な生活様式ならびに消費及び生産の持続可能な様態（第16項）といった、気候変動問題に対する新たなアプローチも見受けられる。特に、様々な集団の人権や世代間衡平（第11項）を掲げ、海洋を含む生態系の保全を「母なる地球」として確保する（第13項）ことを謳うなど、これまでの多数国間環境協定にはない特徴を見せている[60]。

　パリ協定は、条約の実施を促進する上で、持続可能な開発及び貧困を撲滅するための努力の文脈において、気候変動の脅威に対する世界全体での対応を強化することを目的とし、特に、第2条で「世界全体の平均気温の上昇を工業化以前よりも摂氏2度高い水準を十分に下回るものに抑えること（2度目標）」ならびに「世界全体の平均気温の上昇を工業化以前よりも摂氏1.5度高い水準までのものに制限するため」に努力すること（1.5度努力）が、気候変動のリスク及び影響を著しく減少させることとなるものであることを認識し（1項(a)）、気候変動の悪影響に適応する能力や気候に対する強靱性等の向上を目指す（同項(b)および(c)）。

　さらに、同条2項は、共通に有しているが差異のある責任原則を確認するが、ここには、枠組条約（および京都議定書）には記載されていない「各国の異なる事情に照らした（in the light of different national circumstances）」という文言が新たに挿入されており、各締約国の事情が変化すれば、責任の程度も変化する可能性を示唆している。

　この目的を達成するために、すべての締約国は、気候変動に対する世界全体での対応に向けて、国が決定する貢献（NDC）を作成し、通報する義務を負う（第3条）。

　この義務に関連して、気候変動の緩和に関する貢献について定めたのが第4条である。締約国は、第2条の目標の達成に向けて、今世紀後半に温室効果ガスの人為的な発生源による排出量と吸収源による除去量との間の均衡を達成するために、開発途上国の事情を考慮しつつ（1項）、前条に規定するNDCを

60　Daniel Klein, María Pía Carazo, Meinhard Doelle, Jane Bulmer, and Andrew Higham, *The Paris Agreement on Climate Change: Analysis and Commentary*（Oxford University Press, 2017）, p.107.

作成し、通報し、及び維持する（2項）。各締約国のNDCについては、「その直前の国が決定する貢献を超える前進を示」さなければならず、「できる限り高い野心を反映（以上3項）」しなければならない。この「できる限り高い野心」は、各締約国によるNDCの継続的な前進を示さなければならないため、緩和のための強力なツールとなることが期待されるが[61]、主観的な要素を含む以上、それを立証することは困難だと言わざるをえない[62]。

　このようにすべての締約国が緩和措置について行動することを義務づけている点、および緩和のための温室効果ガスの排出削減目標が予め決定しているわけではなく、各締約国の「異なる事情に照らした」共通に有しているが差異のある責任及び各国の能力を考慮しつつ（3項）、自ら排出削減目標を設定できる点が、京都議定書との最大の相違点である。すなわち、共通に有しているが差異のある責任原則に関して、気候変動枠組条約および京都議定書は、附属書で締約国を確定することにより、差異を「固定」したが、このことが、温室効果ガス排出量が急増した新興国の削減義務の設定を困難にし、京都議定書の継続を不可能にしたという反省から、パリ協定は、締約国自らが温室効果ガスの排出削減目標を作成し、通報することで、結果的に差異化が実現するという手法を採用した[63]。もっとも、パリ協定の条文の中にも、先進締約国と開発途上締約国という区別は残っている。すなわち、先進締約国だけが「経済全体における排出の絶対量での削減目標に取り組む（4項）」ため、NDCへの具体的な温室効果ガスの排出削減目標の設定を義務づけられており、逆に開発途上締約国には、このNDCに関して、資金援助（第9条）、技術開発及び技術移転（第10条）、ならびに能力開発（第11条）の規定に従って、支援が提供される（5項）。これらについては、親条約である気候変動枠組条約の附属書Iのリストを無視するこ

61　Geert Van Calster and Leonie Reins, *The Paris Agreement on Climate Change: A Commentary*（Edward Elgar, 2021）, pp.115-116.

62　Daniel Klein, María Pía Carazo, Meinhard Doelle, Jane Bulmer, and Andrew Higham. *supra* note 60, p.148.

63　髙村ゆかり「パリ協定における義務の差異化―共通に有しているが差異のある責任原則の動的適用への転換」松井芳郎他編『21世紀の国際法と海洋法の課題』（東信堂、2016年）228-248頁。

とはできない。例えば、条約の非附属書Ⅰ国である開発途上国が、パリ協定の下で積極的に先進締約国として温室効果ガス削減のための貢献を実施することは認められるが、附属書Ⅰに掲げられている先進締約国がパリ協定上開発途上締約国として行動することは整合性を欠く。

　各締約国は、NDC の通報に際し、COP21 及びその後の締約国会合としての役割を果たす締約国会議（COP/CMA）決定に従って、5 年ごとに通報しなければならず（9 項）、その際には、明確性、透明性及び理解のために必要な情報を提供しなければならない（8 項）。通報された各締約国の NDC は、事務局が管理する公的な登録簿に記録される（12 項）。主要国の NDC と 2050 年を基準とした実質排出ゼロ宣言の状況は**表 6** の通りである。なお、NDC は、共同して行動することも可能である（16-18 項）。また、この緩和のための行動には、吸収源及び貯蔵庫に対する措置も含まれる（第 5 条）。

　京都議定書の京都メカニズムと同様に、パリ協定においても、締約国間で達成した排出削減の成果を移転させることを認めている。第 6 条は、持続可能な開発を促進し、ならびに環境の保全および透明性を確保することを条件として、締約国が、NDC のために国際的に移転される緩和の成果を利用することを認める（2 項）。この枠組みは、基本的に二国間クレジットであり、COP/CMA が採択する計算方法が適用される。これとは別に、パリ協定に基づいて、温室効果ガスの排出に係る緩和に貢献し、及び持続可能な開発を支援する新たな制度が COP/CMA の権限及び指導の下で設立される（4 項）。同制度の目的は、(a) 持続可能な開発を促しつつ、温室効果ガスの排出に係る緩和を促進すること、(b) 締約国により承認された公的機関及び民間団体が温室効果ガスの排出に係る緩和に参加することを奨励し、及び促進すること、(c) 受入締約国における排出量の水準の削減に貢献すること、ならびに (d) 世界全体の排出における総体的な緩和を行うものとする（同項）。このメカニズムは、明らかに京都議定書の京都メカニズムを想起させる。そして、このパリ協定における市場メカニズムは、COP/CMA の第 1 回会合で制度に関する規則、方法、及び手続を採択することとされている（7 項）が、2016 年から 3 年間にわたり審議された COP/

表6　パリ協定　主要国の NDC

国・地域 （上位 17 か国）	温室効果ガス 排出量世界 シェア（%）[*1]	NDCs[*2]（2030 年目標）
中国	20.9	(1)CO_2 排出量のピークを 2030 年より前にすることを目指す
		(2)GDP 当たり CO_2 排出量を -65% 以上（2005 年比）
米国	17.89	-50 〜 -52%（2005 年比）
欧州連合	10.53	-55% 以上（1990 年比）
ロシア	7.53	1990 年排出量の 70%（-30%）
インド	4.10	GDP 当たり排出量を -45%（2005 年比）
日本	3.79	-46%（2013 年度比）（さらに、50%の高みに向け、挑戦を続けていく）
ブラジル	2.48	-53.1%（2005 年比）
カナダ	1.95	-40 〜 -45%（2005 年比）
韓国	1.85	-40%（2018 年比）
メキシコ	1.70	-35%（BAU 比）[*3]（無条件）
		-40%（BAU 比）（条件付）
英国	1.55	-68% 以上（1990 年比）
インドネシア	1.49	-31.89%（BAU 比）（無条件）
		-43.2%（BAU 比）（条件付）
南アフリカ	1.46	2026 年〜 2030 年の年間排出量を CO_2 換算で 3.5 〜 4.2 億 t に
オーストラリア	1.46	-43%（2005 年比）
トルコ	1.24	最大 -41%（BAU 比）
アルゼンチン	0.89	排出上限を年間 3.59 億 t
サウジアラビア	0.80	CO_2 換算で 2.78 億 t 削減

外務省 HP https://www.mofa.go.jp/mofaj/ic/ch/page1w_000121.html を加筆修正
注
*1 気候変動枠組条約第 21 回締約国会議最終報告書附属書 1 に記載されたものであり、パリ協定
　　第 21 条【効力発生】の目的にのみ使用される各締約国の温室効果ガスの排出量の割合。
*2 NDC：パリ協定第 3 条に基づく「国が決定する貢献（nationally determined contribution）」の略称
*3 BAU 比：特段の対策のない状態（Business as usual）との比較

CMA 第 1 回会合でも合意に至らず、2021 年の COP26/CMA3 でようやく妥結
した[64]。また、第 6 条は市場メカニズムに加えて非市場メカニズムの必要性に
ついても確認する (8-9 項)。同メカニズムについても COP26/CMA3 で非市場ア
プローチに関するグラスゴー委員会が設置され、締約国の NDC における緩和

64　Decision 3/CMA.3, UN Doc. FCCC/PA/CMA/2021/10/Add.1, pp.25-40.

2050 年を基準とした実質排出ゼロ宣言
CO$_2$ 排出を 2060 年までにネットゼロ
表明済み
表明済み
2060 年ネットゼロ
2070 年ネットゼロ
表明済み
表明済み
表明済み
表明済み
表明済み
表明済み
2060 年ネットゼロ
表明済み
表名済み
-
表明済み
2060 年ネットゼロ

および適応に関する活動に関して協力を促進していくことになった[65]。

　パリ協定のもう一つの特徴は、気候変動に対する適応に力点を置いている点である。もちろん気候変動枠組条約および京都議定書にも、適応に関する規定は存在する。しかしながら、21 世紀に入り、世界中で異常気象や自然災害が

65　Decision 4/CMA.3, UN Doc. FCCC/PA/CMA/2021/10/Add.1, pp.41-46.

頻発し、それに伴う損害が小島嶼国をはじめとする開発途上国で顕著に表れるようになると、多くの開発途上国は、気候変動に関する条約制度の中で気候変動の悪影響に対する適応の必要性を強く主張した。

第7条では、「持続可能な開発に貢献し、及び適応に関する適当な対応を確保するため、この協定により、気候変動への適応に関する能力の向上並びに気候変動に対する強靭性の強化及びぜい弱性の減少という適応に関する世界全体の目標を定める（1項）」と規定し、COP/CMA 第1回会合で開発途上国の適応の努力が承認される（第7条3項）ほか、「適応に関する行動について、影響を受けやすい集団、地域社会及び生態系を考慮に入れた上で、各国主導であり、ジェンダーに配慮した、参加型であり、及び十分に透明性のある取組によるものとすべきであること並びに適宜適応を関連の社会経済及び環境に関する政策及び行動に組み入れるため、利用可能な最良の科学並びに適当な場合には伝統的な知識、先住民の知識及び現地の知識の体系に基づき、並びにこれらを指針とするものとすべき（同条5項）」[66] ことを確認するなど、ジェンダーや先住人民といった対象への配慮も見せている。そのために、COP16 で採択された「カンクン適応枠組み[67]」を活用して（7項）、適応に関する長期目標の設定、各締約国の適応計画プロセスや行動の実施、適応報告書の提出を実施し、これを定期的に更新する。

適応との関連で、協定に新たに明規されたのは、第8条の「損失及び損害（loss and damage）」である。パリ協定に明確な定義は存在しないが、気候変動枠組条約の実施に関する補助機関がまとめた報告書によると、損失及び損害とは「人間及び自然のシステムに負の影響を及ぼす現実的及び潜在的な気候変動による影響の兆候」[68] とされている。これについては、すでに COP19 で設置された「ワルシャワ国際制度」を改善・強化することで対応することができる（2

66 　ただし、助動詞 should が用いられていることに留意しなければならない。

67 　すべての締約国が適応対策を強化するため、後発開発途上国向けの中長期の適応計画プロセスの開始、適応委員会の設立等について合意した。Decision 1/CP.16, UN Doc. FCCC/CP/2010/7/Add.1, paras.13-14.

68 　UN Doc. FCCC/SBI/2012/INF.14, para.7.

項）。ただし、COP 決定によれば、「協定第 8 条は、賠償責任 (liability) または補償 (compensation) の基礎を含むものでも、これらを与えるものでもない」ことに留意しなければならない[69]。

　このような気候変動の緩和および適応措置のために、先進締約国は、資金（第 9 条）、技術移転（第 10 条）、および能力開発（第 11 条）の面で開発途上締約国を支援する。また締約国は、気候変動に関する教育、訓練、啓発、講習の参加及び情報の公開を強化するための措置について協力する（第 12 条）。

　パリ協定は、協定の目的および長期目標の達成に向けた全体進捗を評価するために本協定の実施を定期的に確認する制度として「全体的な検証評価 (global stocktake)」を置く（第 14 条 1 項）。このメカニズムは、最初の実施状況の確認を 2023 年に、その後 5 年ごとに行う（2 項）。ただし、COP 決定によれば、排出削減については 2018 年から開始する[70]。これにより、各国の NDC を積み上げた世界全体の気候変動問題への対応の現状を把握することを目指し、各国の気候変動対策と国際協力の強化を促進するため、ベスト・プラクティスや実施における経験を交換し、気候変動対策の費用対効果を明確化させ、国際協力の機会に関する情報を提供することが期待される[71]。

　第 15 条に規定される協定の実施及び遵守のための制度は、京都議定書と異なり、予め協定の本文で「専門家により構成され、かつ、促進的な性格を有する委員会であって、透明性があり、敵対的でなく、及び懲罰的でない方法によって機能する」ことが確認されている（2 項）。同条 3 項に基づいて、COP/CMA1-3 で、実施及び遵守に関する方法及び手続が採択された（後述）。

　パリ協定の組織的事項は、基本的に気候変動枠組条約の機関を活用する。協定の締約国会合は、条約の最高機関である締約国会議がその役割を果たし（第 16 条 1 項）、発効後、締約国会議の通常会合と合わせて開催される。事務局（第 17 条）、科学上及び技術上の助言に関する補助機関および実施に関する補助機

69　Decision 1/CP.21, UN Doc. FCCC/CP/2015/10/Add.1, para.51.

70　Ibid., para.20.

71　Daniel Klein, María Pía Carazo, Meinhard Doelle, Jane Bulmer, and Andrew Higham, *supra* note 60, p.336.

関 (第 18 条)、ならびに条約によって設置された補助機関又はその他の制度的措置 (第 19 条) も、パリ協定のためにそれぞれの役割を果たす。

　第 20 条以下は協定の最終条項で、第 20 条は署名および批准、受諾、承認または加入について規定する。発効要件について、パリ協定は、「55 以上の (枠組) 条約の締約国であって、世界全体の温室効果ガスの総排出量のうち推計で少なくとも 55 パーセントを占める温室効果ガスを排出するものが、批准書、受諾書、承認書または加入書を寄託した日の後 30 日目の日に効力を生ずる」と規定する (第 21 条 1 項)。米国と中国が同時に批准するなど、協定は異例のスピードで締約国を集め、採択から 11 か月後の 2016 年 11 月 4 日に発効した。なお、協定の改正 (第 22 条) と協定の附属書の採択および改正 (第 23 条) が置かれるが、条約の規定 (第 15 条および第 16 条) が準用される。なお、現時点で協定の附属書は採択されていないが、本条に基づいて採択された附属書は、この協定の不可分の一部を成す (第 23 条 2 項)。

　その他、紛争の解決 (第 24 条)、投票権 (第 25 条)、寄託者 (第 26 条)、留保 (第 27 条)、脱退 (第 28 条) および正文 (第 29 条) については、条約の諸規定を準用するか、それとほぼ同様の規定となっている。

(e) 関連するその他の条約

　気候変動問題に対処することを主要な目的とする国際条約は、上記の 3 条約であるが、その他にも気候変動問題に関わる多数国間条約は存在する。特に、オゾン層保護条約制度 (ウィーン条約とモントリオール議定書) は、主な目的ではないものの、気候変動の緩和に大きな役割を果たしてきた。同制度は、太陽から放出される危険な紫外線を遮断する成層圏のオゾン層を破壊する化学物質の排出を制御し、削減することを目的としている。その対象ガスであるクロロフルオロカーボン (CFC)、ハロン、ハイドロクロロフルオロカーボン (HCFC) などは、非常に強力な温室効果ガスでもある。1987 年のオゾン層を破壊する物質に関するモントリオール議定書は、このようなオゾン層破壊物質のほとんどについて段階的に削減する努力を行い、気候変動の緩和に大きく貢献すること

に成功した。努力の重複を避けるため、気候変動条約制度は、条約前文で、ウィーン条約およびモントリオール議定書を想起し、同議定書によって規制されている物質を適用対象に含めていない[72]。逆に、モントリオール議定書は、代替フロンとして活用されてきた HFC が高い温室効果を有することから、オゾン層破壊物質ではないにもかかわらず、規制ガスに加える改正（2016 年キガリ改正）をおこなった。

　気候変動枠組条約と同時期に採択された生物多様性条約と砂漠化対処条約は、それぞれ密接に関連している。例えば、気候変動は砂漠化を進行させ、砂漠化は気候変動を助長し、それに伴い生物多様性の減少が発生する。そのため 3 つの条約の事務局は、2001 年に条約間の調整を強化するため、共同リエゾン・グループを設立した[73]。同グループは、各条約の作業計画や運営に関する情報の収集・共有を目的とする。

　また、地表の約 7 割は海面であり、熱吸収の役割を担う海洋は気候変動に大きく関わる。1982 年に採択された国連海洋法条約は、気候変動に関する直接の規定を置いていないが、第 194 条で確認している通り、「いずれの国も、あらゆる発生源からの海洋環境の汚染を防止し、軽減し及び規制するため…単独で又は適当なときは共同して、この条約に適合するすべての必要な措置を取る」ことから、気候変動の悪影響としての海洋環境の悪化を防止するために機能する。同様に、海洋が温室効果ガスの吸収または貯蔵として機能する場合、その作用との関係で、後述する海洋投棄に関するロンドン海洋投棄条約および議定書も関連する。

---

[72]　Harro van Asselt, "Interlinkages between Climate Change, Ozone Depletion and Air Pollution: the International Legal Framework," Daniel A Farber and Marjan Peeters ed., *Climate Change Law*（Edward Elgar, 2016）, pp.286-297.

[73]　UN Doc. FCCC/SBSTA/2001/2, p.11.

3. 気候変動に対処する国際機関とステイクホルダー

(a) 国際連合および専門機関

　国際連合が設立された 1945 年当時、気候変動を含む地球規模環境問題は、国際社会の関心事ではなかった。そのため、国連憲章が掲げる機構の目的や役割に環境保全は含まれておらず、環境保護を主要な任務とする専門機関や補助機関も存在しなかった。その後、1972 年のストックホルム会議を契機として、国連総会の補助機関として国連環境計画（UNEP）が設置されるなど、国連も積極的に環境問題に関与するようになった。

　気候変動に関しては、1873 年に創設された国際気象機関（IMO）を継承する形で 1950 年に設立された世界気象機関（WMO）[74] が 気象に関する権威のある科学情報を提供するほか、地球大気の現状や観測のための国際協力を調整する。

　言うまでもなく、航空機やタンカーなどの運輸燃料の大部分は化石燃料であり、国際運輸で多くの温室効果ガスが排出されている。京都議定書では、航空燃料と船舶用バンカー燃料からの排出について、それぞれの専門機関を通じて活動することを確認する（第 2 条 2 項）。国際海事機関（IMO）の海洋環境保護委員会は、船舶汚染防止条約（MARPOL）附属書 VI（船舶による大気汚染の防止）を改正し、船舶の燃費改善を促進するためのエネルギー効率設計指標（EEDI）および船舶エネルギー効率マネージメントプラン（SEEMP）を導入した[75]。また、パリ協定採択後の 2018 年には、IMO 自身が、船舶が排出する温室効果ガスの排出量を 2008 年比で 2050 年までに 50％以上削減し、今世紀中なるべく早期に排出ゼロを目指す削減戦略を採択した[76]。

　航空運輸に関しては、国際民間航空機関（ICAO）が、2021 年から 2050 年までに年平均 2％の燃費効率を改善するため、2020 年以降は二酸化炭素の排出量を増加させない目標を 2010 年に採択し[77]、そのための手段として、新型機材など

74　設立条約は 1947 年採択の世界気象機関に関する条約。
75　IMO Doc. MEPC 62/24/Add.1 Annex 19, pp.1-17.
76　IMO Doc. MEPC 72/17/Add.1 Annex 11, pp.1-11.
77　ICAO Doc. Resolution A37-19.

の新技術の導入、運航方式の改善、持続可能な航空燃料の活用、および市場メカニズムの活用を掲げた[78]。2016 年には、温室効果ガスの排出量削減と排出枠の購入を組み込んだ通じた国際航空のための炭素オフセット・削減スキーム（CORSIA）を創設した[79]。

(b)　IPCC

　IPCC は、気候に関する政策立案に資する科学的情報をあらゆるレベルで政府に提供することを目的として、気候変動枠組条約が採択される以前の 1988 年に、世界気象機関（WMO）と国連環境計画（UNEP）により設立された国際機関である。IPCC の特殊性は、政府間組織と科学者団体の両面を備えている点にある。1998 年に自らが作成した「IPCC の作業を規律する原則[80]」によれば、「IPCC は、政府間機関であるため、IPCC 文書のレビューは、ピアレビューと政府によるレビューの双方を包含するべき」ことを確認している。もう一つのIPCC の特徴は、IPCC 自身は自ら研究を行わず、研究者グループが世界の最新研究結果を評価し、それらが全体でどのような知見を示しているかをまとめる作業を行う組織であるという点である。ただし、IPCC は「あくまで政策的に中立であり、特定の政策の提案を行わない（policy-relevant and policy-neutral）」という立場を取り、科学的中立性を重視している[81]。

　国際機関としての IPCC は、すでにかなりの程度普遍性を高めており、2023 年 3 月現在 195 の加盟国による締約国政府によって構成される総会が最高意思決定機関とされる。その下に議長団と執行委員会、および事務局を置き、自然科学的根拠を分析する第 1 作業部会、気候変動の影響、適応および脆弱性を検討する第 2 作業部会、ならびに気候変動の緩和策を評価する第 3 作業部会の

78　ICAO Doc. Resolution A38-18.

79　ICAO Doc. Resolution A39-3.

80　Principles Governing IPCC Work, at https://www.ipcc.ch/site/assets/uploads/2018/09/ipcc-principles. pdf（as of November 1, 2023）.

81　IPCC Organization at https://archive.ipcc.ch/organization/organization.shtml（as of November 1, 2023）.

表7　IPCC の評価報告書

1990	第1次評価報告書	人為起源の温室効果ガスは気候変化を生じさせる恐れがある。
1995	第2次評価報告書	識別可能な人為的影響が地球全体の気候に現れている。
2001	第3次評価報告書	過去50年に観測された温暖化の大部分は、温室効果ガス濃度の増加によるものであった可能性が高い。
2007	第4次評価報告書	20世紀半ば以降の温暖化のほとんどは、人為起源の温室効果ガス濃度による可能性が非常に高い。
2014	第5次評価報告書	20世紀半ば以降の温暖化の主な要因は、人間活動の可能性が極めて高い。
2018	1.5℃特別報告書	1.5℃上昇に抑えるためには、二酸化炭素排出量を2030年までに2010年比で約45%削減、2050年前後には正味ゼロに達する必要がある。
2021	第6次評価報告書	人間の影響が、大気、海洋及び陸域を温暖化させてきたことには疑う余地がない。

3つの作業部会が設置されている。これらに加えて、気候変動枠組条約採択後は、国別温室効果ガスの排出や吸収量の目録の計算・報告手法の開発を行う温室効果ガス目録に関するタスクフォースが置かれている。またこれらの部会には、それぞれその活動をサポートする「技術支援ユニット」が設置されている。各国から推薦された評価作業参加研究者は、先進国や開発途上国のバランスなどを考慮して選出される。

　IPCC は、気候変動枠組条約とは独立した組織であるが、密接な協力関係の下で気候変動問題に関する科学的情報を提供する[82]。気候変動枠組条約は、暫定措置を定める第21条2項で、「気候変動に関する政府間パネルと緊密に協力し、同パネルによる客観的な科学上及び技術上の助言が必要とされる場合に、同パネルが対応することができることを確保する」と規定するが、その後も継続して協力関係を維持しており、補助機関である「科学上及び技術上の助言に関する補助機関（SBSTA）」は、気候変動枠組条約の取り扱う事項について、科学的根拠が必要な際に、IPCC に情報を求め、IPCC は、IPCC 総会にお

82　Navraj Sinhf Ghaleigh, "Science and Climate Change Law - The Role of the IPCC in International Decision-Making," Kevin R. Gray, Richard Tarasofsky, and Cinnamon Carlarne ed., *The Oxford Handbook of International Climate Change Law* (Oxford University Press, 2016), pp.66-68.

いてその招請への対応を審議し、決定を下す[83]。招請に応じる旨決定した場合は、そのための報告書等を作成し、招請に応えることになる。京都議定書は、排出削減目標を定める第3条や推計のための国家制度を規定する第5条の中で、SBSTA が IPCC の作業と助言に基づいて作業することを確認する。パリ協定も、透明性に関する第13条7項(a) で、温室効果ガスの人為的な発生源による排出及び吸収源による除去に関する自国の目録に係る報告書について、IPCC が受諾し、この協定の締約国会合が合意する良い事例 (good practice) に基づく方法を用いて作成されたものを各締約国が提供するよう義務づける。

　IPCC は、その信頼性が疑われたこともあったが[84]、現在ではその活動は高く評価されている。これまでに IPCC は6回の評価報告書を発表しているが、温暖化の人為的影響について、回を追うごとにその悪影響の可能性を強く警告している (**表7** 参照)。その他にも IPCC は、適宜特別報告書や方法論報告書を作成しており、特に2018年に発表された『1.5℃特別報告書[85]』は、パリ協定の2度目標が気候変動の悪影響を防止するには不十分であり、1.5度努力を目標に引き上げるグラスゴー気候合意 (後述) を牽引するきっかけとなった。

(c) NGO

　気候変動問題では、国境を越えた地球規模および人類的課題であるという認識から、国家の領域主権及び管轄権に影響を受けない市民による連帯及び活動が積極的に展開されている。その結果、1992年のリオ会議の頃から、環境保全を目的とする非政府組織 (NGO) が活発に活動し、気候変動問題でも重要な役割を果たしてきた。環境 NGO は、市民生活に根ざした地域密着型の NGO から、国境を超えた連帯をはかり、国家や国際機関に働きかけを行う国

83　環境省ホームページ「UNFCCC との関連について」以下参照。http://www.env.go.jp/earth/ondanka/ipccinfo/ipccgaiyo/unfccc.html (as of November 1, 2023).

84　例えば「クライメートゲート事件」について、日本気象学会地球環境問題委員会編『地球温暖化　そのメカニズムと不確定性』(朝倉書店、2014) 2-3頁参照。

85　Intergovernmental Panel on Climate Change, *Global Warming of 1.5 ℃*, (Cambridge University Press, 2018).

際 NGO などその活動形態は様々である。言うまでもなく、環境 NGO は、国際法の形成に直接関与することはできない。しかしながら、環境 NGO が、間接的に国際法、特に環境条約の形成や実施に影響を及ぼすことがある[86]。気候変動枠組条約は、国連など政府間機関だけでなく、NGO にも締約国会議にオブザーバーとして参加することを認めており（第7条6項）、その結果、登録された多くの NGO が、国家や国際機関に提言したり、市民への啓蒙や啓発活動を行っている。一例として、国際的な NGO ネットワークである気候行動ネットワーク（CAN）が、締約国会議期間中に、気候変動対策に消極的な発言をしたり、会議での合意を妨げる国家に与えられる「今日の化石賞（Fossil of the Day）」は、市民に気候変動問題に対する国際交渉に関心を持たせるという効果を発揮している。

　気候変動に関与する NGO は、市民活動を中心とする団体だけではない。エネルギー問題に影響を受ける多くの企業も気候変動問題に強い関心を持っている。また投資や企業イメージの観点から ESG（環境・社会・ガバナンス）を意識するようになると、締約国会議のサイドイベントでも企業グループが積極的に参加するようになってきている。

　このように NGO にはそれぞれ異なる目的や役割を持った団体が存在するため、締約国会議では、環境 NGO（ENGO）、ビジネス NGO（BINGO）といった具合に細分化が図られてきた。現在は、研究者（RINGO）、労働者（TUNGO）、ユース（YOUNGO）、地方自治体（LGMA）など、その分類も多様になっている。

III　気候変動条約制度の課題

　気候変動に関する条約制度は、1992 年に採択された気候変動枠組条約によって開始され、締約国の実施について、京都議定書を引き継ぐ形でパリ協定が採択・発効し、現在に至っている。しかしながら、パリ協定採択後も国際社会の気候変動問題への対応は大きく変動している。本章では、パリ協定が採択された 2015 年以降の国際社会の動きと、気候変動問題を緩和ならびに適応および関連する問題について、それぞれの課題を検討する。最後に、多数国間環境協定の特徴の一つでもあり、パリ協定でも導入されている遵守手続について紹介する。

1. パリ協定採択後の動き

(a) 米国の離脱と復帰

　2015 年の COP21 でパリ協定は採択されたが、京都議定書の経験から発効までは数年かかるとみられていた。しかしながら、温室効果ガス排出量の上位 2 国である中国と米国が、2016 年 9 月 3 日に同時に締結手続を取ったことにより、協定発効への気運が高まった。その結果、当初加盟国の批准手続が終了し

た後に批准を行う予定であった欧州連合も加盟国の締結前に批准することに合意し、欧州議会は、同年 10 月 4 日にこれを承認した。結果として、パリ協定は、第 21 条の発効要件を満たし、採択から 1 年を待たずして 2016 年 11 月 4 日に発効した[1]。

その後、オバマ民主党政権の後に大統領に就任した米国のトランプ大統領（第 45 代）は、就任直後に選挙期間中の公約であったパリ協定からの脱退を表明し、協定第 28 条の手続に従い、協定が米国について効力を生じた日から 4 年後の 2020 年 11 月に脱退した[2]。パリ協定は、京都議定書採択時において、最大の温室効果ガス排出国であった米国とその後米国を越える排出大国になった中国等の新興国が、それぞれ根拠が違うもののいずれも削減義務を課すことができなかったという反省を踏まえて交渉が行われ、採択・発効にたどり着いたものであり、米国トランプ政権の協定離脱は、国際的に大きな批判を浴びた。それに加えて、米国国内でも環境 NGO のみならず、GAFA と呼ばれる巨大企業をはじめとする産業界や自治体、教育機関からもパリ協定への復帰を望む声が高まった[3]。その後、バイデン大統領（第 46 代）は、就任日にパリ協定を再度受諾し、米国は 2021 年 2 月に協定への復帰を果たした。

(b) パリ協定の運用規則

パリ協定は、京都議定書および他の多数国間環境協定（特に議定書）と同様に、発効後に設置される締約国会議でその詳細を決定することだけを規定する箇所が条文の中に多数存在する。具体的には、NDC に係る共通の期間（第 4 条 10 項）、市場メカニズム（第 6 条 4 項）に関する規則、方法及び手続の採択（第 6 条 7 項）、開発途上締約国の適応に関する努力の確認（第 7 条 3 項）、先進締約国による開発

1　米国は、京都議定書と異なり、パリ協定については、上院の承認を必要としない行政協定であるとした。その一方で日本は、批准手続に国会承認が必要だったため（いわゆる「大平三原則」）、締約国として CMA1-1 に参加することができなかった。

2　太田宏「気候変動問題とトランプ政権のアメリカ第一主義」『国際問題』692 号（2020 年）5-17 頁。

3　トランプ大統領のパリ協定離脱後に作成された自治体（州を含む）・企業・投資家・教育機関によるパリ協定支持の表明サイト「We are still in（現在は America is All in）」。https://www.wearestillin.com/（as November 1, 2023）.

途上締約国のために提供される支援の透明性及び一貫性のある情報に関する方法、手続及び指針（第9条7項）、能力の開発のための制度的な措置に関する決定（第11条5項）、行動及び支援の透明性のための共通の方法、手続及び指針（第13条13項）、ならびに実施及び遵守に関する委員会の方法及び手続（第15条3項）について、第1回締約国会合で検討または採択すると規定している。しかしながら、同協定は、異例の早さで発効したため、発効直後の2016年11月に開催されたマラケシュ（モロッコ）での会合ですべての問題について検討することができず、パリ協定の第1回締約国会合は、2016年（COP22/CMA1-1）、2017年（COP23/CMA1-2）、2018年（COP24/CMA1-3）の3回にかけて交渉が行われた。その結果、2018年の会合でパリ協定の運用規則が採択されたが[4]、NDCを達成するために利用可能な温室効果ガス削減単位の市場での取引に関する詳細については合意することができず、次回以降の交渉に委ねられ[5]、2019年のCOP25/CMA2でも合意することはできなかったが、2021年のCOP26/CMA3でようやく合意に到達した[6]。

(c) パリ協定の目標の強化

　グラスゴーで開催されたCOP26/CMA3では、もう一つ大きな成果があった。2015年に採択されたパリ協定の第2条では、世界全体の平均気温の上昇について工業化（産業革命）以前に比べて2度より十分低く保ち、できれば1.5度に抑える努力を追求すると定められていたことから、いわゆる「2度目標」が世界共通の達成目標であり、「1.5度」はあくまでも努力目標に過ぎないと広く認識されていた。その後、2021年の8月に発表された気候変動に関する政府間パネル（IPCC）の報告書で、科学的な根拠に基づき、今後数十年で地球温暖化ガスの排出量を大幅に削減しない限り、パリ協定の目標達成が極めて困難であることなどが示された。グラスゴー気候合意[7]では、このような議論の潮流をうけ、気温上昇1.5度の方が2度に比べて気候変動の影響がはるかに小さいことを認

4　Decision 3-20/CMA.1, UN Doc. FCCC/PA/CMA/2018/3/Add.1 and Add.2.

5　Decision 8/CMA.1, UN Doc. FCCC/PA/CMA/2018/3/Add.1.

6　Decision 2, 3. and 4/CMA.3, UN Doc. FCCC/PA/CMA/2021/10/Add.1.

7　Decision 1/CMA.3, Ibid.

め、気温上昇 1.5 度に制限するための努力を継続することを決意し、そのために世界全体の温室効果ガスを迅速、大幅かつ持続可能な方法で削減する必要があること、具体的には 2010 年比で 2030 年までに世界全体の二酸化炭素排出量を 45％削減し、今世紀半ば頃には実質ゼロにすることを確認した上で、そのために、利用可能な最良の科学的知識と衡平に基づき、各国の異なる事情に照らした共通に有しているが差異のある責任および各国の能力を反映すると共に持続可能な開発及び貧困撲滅の努力の文脈において、この 10 年で行動を加速させる必要があることを認めた[8]。また、同合意では、すべての国は 2022 年末までに 2030 年までの NDC を再検討し、強化することに合意した[9]。もっとも、脱炭素化の動きに関して、石炭火力発電については、草案の「段階的廃止（phase-out）」の表現が「段階的に削減（phase-down）」と表現を弱める形での合意となった[10]。

　併せて、同合意は、2020 年までに先進国が開発途上国へ年間 1,000 億ドルを共同で動員するという目標については、達成されていないことに深い遺憾の意を表すとし、先進国は早急にかつ 2025 年までに達成するよう求めるとした[11]。

2. 緩　和

(a) 温室効果ガスの削減および吸収

　気候変動の人為的な原因が温室効果ガス排出量の増加である以上、その解決には、大気中の温室効果ガス濃度を減少させる行動が必要となる。そのためには、排出量そのものの削減と、排出されたガスを吸収または貯蔵することによって大気中への放出を抑止する方法があり、これらの対策を緩和（mitigation）と呼ぶ。より具体的には、再生可能エネルギーの導入や省エネルギー等による

---

[8]　Ibid., paras.20-23.

[9]　Ibid., para.29.

[10]　ただし、非効率な化石燃料への補助金については「段階的に廃止」が明記されている。　Ibid., para.36.

[11]　Ibid., paras.43-44.

エネルギーの生産および消費の変化、植林や二酸化炭素の回収などの方法が考えられる。気候変動枠組条約以下の諸条約の下でどのような政策を選択するかは、締約国の裁量に委ねられている。

　吸収については、二酸化炭素を吸収する光合成の機能を利用した植林や再植林やバイオマスを活用して炭素を固定化する技術などが研究されており、特に「土地利用、土地利用変化、および林業（LULUCF）」が、吸収源として条約制度の中に組み込まれている。さらに、開発途上国が、森林減少や劣化の抑制により温室効果ガス排出量を減少させた場合や、森林保全により炭素蓄積量を維持、増加させた場合に、先進国が開発途上国への経済的支援（資金支援等）を実施する REDD+ というメカニズムが提案され、カンクンでの COP18 で、①森林減少からの排出量削減、②森林劣化からの排出量削減、③森林炭素蓄積の保全、④持続可能な森林経営、⑤森林炭素蓄積の増強の 5 つの活動を含むことについて合意に達した[12]。

　また、世界全体の温室効果ガス排出量が減少できておらず、気候変動問題による自然災害が増加している現状から、人工的に温室効果をコントロールする技術開発として「気候工学（geo-engineering）」に注目が集まっている。

　気候工学に関する明確な定義は存在しないが、比較的支持されている英国王立協会の定義によれば、「人為的な気候変動の対策として行う意図的な地球環境の大規模な改変[13]」を意味し、気候変動問題に対処するための科学的手法として自然科学者の間で関心が高まっている技術である。気候工学の手法は、大別すると、二酸化炭素除去（CDR）と、太陽放射管理（SRM）に分類できる[14]。前者は、二酸化炭素の吸収源を促進するか、工学的技術を用いて主要な温室効果ガスである二酸化炭素を回収する方法である。後者は、太陽入射光を減らすことにより、地球の気温そのものを低下させる手法であり、成層圏へのエアロゾ

12　Decision 1/CP.16, UN Doc. FCCC/CP/2010/7/Add.1, pp.12-14.

13　John G. Shepherd et al., *Geoengineering the Climate: Science, Governance and Uncertainty*（The Royal Society, 2009）, p.1.

14　Will Burns, David Dana and Simon James Nicholson ed., *Climate Geoengineering: Science, Law and Governance*（Springer, 2021）, p.10.

ル散布や宇宙空間での太陽光シールドが典型例である[15]。費用対効果や地球環境に与えるリスクについては、個々の技術によって異なるが、成功すれば、地球温暖化を防止する有効な技術であるという期待がある一方で、生態系や地球の自然システムに大きな副作用があるという指摘もなされている[16]。

　例えば、海洋肥沃化 (ocean fertilization) は、海洋に鉄などの粒子を散布することによって、海洋微生物の光合成を活性化し、大気中の二酸化炭素を海中に吸収・蓄積する CDR 技術の一種である[17]。海洋肥沃化について、ロンドン海洋投棄条約制度と生物多様性条約の中ですでに検討が進められている[18]。ロンドン海洋投棄条約[19]は、有害廃棄物を限定的に附属書に列挙し、これらの海洋投棄のみを禁止していたが、その後 1996 年に、予防的取組方法 (アプローチ) に基づいて、原則として海洋への投棄を全面的に禁止するロンドン海洋投棄議定書[20]を採択した。条約および議定書は、採択当初、海洋を利用して二酸化炭素を回収する技術およびその回収物の海洋投棄を直接規制対象とはしていなかったが、国際海事機関 (IMO) は、2006 年に、海中への炭素回収および海洋肥沃化を含む海洋気候工学を規制するロンドン議定書附属書 I の改正を行い[21]、2008 年に採択された決議では、「海洋肥沃化活動は、正当な科学調査を除いて、認められる

15　杉山昌広、西岡純、藤原正智「気候工学 (ジオエンジアリング)」『天気』第 58 巻 7 号 (2011 年) 3 頁。

16　Neil Craik, "International EIA Law and Geoengineering: Do Emerging Technologies Require Special Rules," *Climate Law*, Vol.5 (2015), p.113.

17　R. S. Lampitt et al., "Ocean Fertilization: A Potential Means of Geoengineering?," *Philosophical Transactions of The Royal Society A* No.366 (2008), pp.391-394.

18　ロンドン条約における海洋肥沃化に関する論稿として、奥脇直也「ロンドン (ダンピング) 条約と海洋肥沃化実験 − CO_2 削減の技術開発をめぐるレジームの交錯」『ジュリスト』1409 号 (2010 年) 38-46 頁。See also Karen N. Scott, "Regulating Ocean Fertilization under International Law: The Risks," *Carbon & Climate Law Review*, Vol.7-2 (2013), pp.108-116.

19　正式名称は、廃棄物その他の物の投棄による海洋汚染の防止に関する条約 (Convention on the Prevention of Marine Pollution by Dumping of Wastes and Other Matter)。

20　正式名称は、1972 年の廃棄物その他の物の投棄による海洋汚染の防止に関する条約の 1996 年の議定書 (1996 Protocol to the Convention on the Prevention of Marine Pollution by Dumping of Wastes and Other Matter, 1972)。

21　IMO Doc. LC-LP.1/Circ.5 (2006), Resolution LP.1(1) on the amendment to include CO_2 Sequestration in Sub-seabed Geological Formations in Annex 1 to the London Protocol. IMO Doc. LC/SG 31/2/1 (2008), pp.3-4.

べきではない[22]」ことを決定し、最終的に 2013 年にロンドン海洋投棄議定書に、海洋気候工学に関する条文を追加する改正が採択された。改正文書は、定義を規定する第 1 条に「『海洋気候工学』とは、自然作用を操作することによる海洋環境への意図的な介入（人為的な気候変動及び / 又はその影響に対処することを含む）を言う」とする 1.5 条の 2 を加え、第 6 条の 2 で新たに海洋気候工学活動を挿入した。同条によると、「締約国は、当該活動が許可証によって許可されていないかぎり、附属書 4 に掲げる海洋気候工学活動（現時点では海洋肥沃化活動）によって、船舶、航空機又はプラットフォームその他の人工海洋構築物から海洋に物を配置することを許可してはならず[23]」「許可証については、当該活動からの海洋環境汚染が、可能な限り、防止されるか、または最小限に減少することを確認できると評価された後でしか発行してはならない」と規定している。なお、改正には附属書 5（附属書 4 に基づく配置のために検討されうるもののための評価枠組み）が存在する。

　生物多様性条約の締約国会議も、2008 年の締約国会議から、海洋肥沃化が海洋生物多様性に与える影響について検討を開始し、第 9 回締約国会議で、前述のロンドン海洋投棄条約および議定書での分析に留意しつつ、予防的取組方法に従い、適切な科学的基礎が見つかるまで海洋肥沃化活動は行わないこと等を確認する「海洋肥沃化活動モラトリアム」[24] を採択した。さらに、2010 年の第 10 回締約国会議で、規定対象の範囲を拡大し、気候工学活動に関するモラトリアム決議[25] を採択した。同決議によると、「(w) 先述の COP 決定に沿って、及びこれに従い、科学に基づいた、グローバルで透明性のある有効な気候工学のための管理・規制メカニズムが存在しない状況で、そして予防的取組方法及び条約第 14 条に従って、小規模の科学調査研究を例外として、その活動を正当化する適切な科学的基礎と環境と生物多様性、及び関連する社会的、経済的及び文化的影響の関連リスクの適切な考慮が確認されるまで、生物多様性に影

22　IMO Doc. LC/SG 31/2/1（2008）, pp.3-4.

23　したがって、「投棄」ではなく「配置」であるという解釈も排除していない。

24　Decision IX/16, UN Doc. UNEP/CBD/COP/9/29（2008）.

25　Decision X/33, UN Doc. UNEP/CBD/COP/10/27（2011）.

響を与えるかもしれない気候関連の気候工学活動を行わないことを確保する」と共に、「(x) COP 決定に従い、ロンドン条約／ロンドン議定書の作業を認識して、海洋肥沃化活動に対処することを確保する」[26]。

これらの動きと比較して、気候変動に関する枠組条約制度の中では、気候工学活動についての科学的側面からの検討については SBSTA の中で行われているものの[27]、気候変動の緩和政策としての位置づけについて、締約国会議での議論はほとんど進展しておらず、現時点でも、気候変動枠組条約、京都議定書およびパリ協定の中で、気候工学について、明示でこれを許可したり、あるいは禁止・制限する規定は存在しない[28]。

ただし、吸収源及び貯蔵庫という視点から、気候工学活動に関連する条文は存在する。気候変動枠組条約第 4 条 1 項 (d) ですべての締約国に「温室効果ガスの吸収源及び貯蔵庫の持続可能な管理を促進すること並びにこのような吸収源及び貯蔵庫の保全（適当な場合には強化）を促進し並びにこれらについて協力すること」を促している。また、京都議定書は、先進締約国の温室効果ガス削減のための数値目標達成にあたり、自国の事情に応じた政策及び措置の裁量を認めており、特に第 2 条 1 項 (a) の (iv) では、「新規のかつ再生可能な形態のエネルギー、二酸化炭素隔離技術並びに進歩的及び革新的な環境上適正な技術を研究し、促進し、開発し、及びこれらの利用を拡大すること」を促しているため、この規定は気候工学の実施を肯定していると解釈することも可能である。

さらに、炭素回収貯留 (CCS) は、発電所や工場等で排出された二酸化炭素を他の気体から分離して回収し、地中に貯留する技術であり、大気中への温室効果ガス排出を減らす緩和策として注目されている[29]。海洋肥沃化と比較して、

---

26 生物多様性条約の締約国会議は、その後も気候工学に関するモラトリアム決議を繰り返している。Decision XI/20, UN Doc. UNEP/CBD/COP/11/35 (2012).

27 For example, UN Doc. FCCC/SBSTA/2011/INF.6.

28 拙稿「国際環境法における科学的知見への対応と予防原則の意義－気候工学活動に対する多数国間環境協定の評価を素材として」『国際法外交雑誌』118 巻 2 号 (2019 年) 275-293 頁。

29 これに対して、二酸化炭素回収・有効利用・貯留 (CCUS) は、回収した二酸化炭素をメタンなどの資源として有効利用する工程を含む。オムバステプト・イングビルド他「二酸化炭素回収・貯留・有効利用 (CCUS) のための国際標準化」『環境管理』第 55 巻 9 号 (2019 年) 60-65 頁。

海洋を含む自然環境にあまり悪影響を与えないと推察されることから、国際エネルギー機関 (IEA) もパリ協定の 2 度目標達成のために CCS の寄与が期待されているとしている [30]。CCS に関しても海洋肥沃化と同様に海洋法、特にロンドン海洋投棄条約および議定書での検討が進められており、2006 年と 2009 年に改正が行われた [31]。なお、日本も議定書の改正に合わせて、2007 年に海洋汚染等及び海上災害の防止に関する法律を改正し、二酸化炭素の海底下廃棄に関する許可制度を新設している。

(b) 経済的手法

　気候変動を防止するための措置としての緩和策には、様々な手法があるが、環境法政策の観点から、命令や管理を通じて環境目的を達成する規制的手法と環境保護対象やサービス等に価格をつけることによって環境目的に資する行動を促す経済的手法に大別することができる。経済的手法には、環境税、排出量取引、補助金などが挙げられる。

　京都議定書では、経済的手法として、共同実施 (第 6 条)、クリーン開発メカニズム (第 12 条) および排出量取引 (第 17 条) を導入した。これらを総称して「京都メカニズム」と呼ばれる。

　3 つの制度の概要は**表 8** の通りである。

　共同実施は、附属書 B 締約国間で行われる温室効果ガス排出削減プロジェクトを通じて得られた排出削減単位を、プロジェクトを実施した主体とプロジェクトに投資した主体の間で移転させることを認める制度である。具体的には、西側先進国と市場経済移行過程国の間で行われることが想定されている。

　共同実施について、排出削減単位の移転が認められるには、第 6 条に基づき、以下の 4 つの条件を備えていなければならない (1 項)。まず、当該事業がそれに関与する締約国の承認を得ていなければならない (a 項)。第二に、当該事業

---

30 International Energy Agency, *20 Years of Carbon Capture and Storage: Accelerating Future Deployment* (2016).

31 堀口健夫「ロンドン海洋投棄条約体制による二酸化炭素回収・貯留 (CCS) の規律の意義と限界」『国際問題』693 号 (2020 年) 16-27 頁。

表 8　京都メカニズムの概要

	共同実施（JI）	クリーン開発メカニズム(CDM)	排出量取引（ET）
根拠条文	第 3 条 10、11 項および第 6 条	第 3 条 12 項および第 12 条	第 3 条 10、11 項および第 17 条
排出量単位の名称	排出削減単位（ERUs）	認証された排出削減(CERs)	割当量単位（AAUs）
補完性	ERU 取得は、第 3 条履行のための国内行動にとって補完的	第 3 条の履行の一部に資するために CER を使用することができる	当該取引は、第 3 条を履行するための国内行動を補完する
参加主体	附属書 I 締約国	すべての締約国	附属書 B 締約国
私人参加の可能性	法人は締約国が自己の責任において参加を承認	民間および／または公的主体は CDM 理事会の指針に従う	法人は締約国が自己の責任において参加を承認（マラケシュ合意）

がなければ生じることがなかった排出源からの人為的排出量の削減、または吸収源による人為的吸収量の拡大をもたらしていなければならない（b 項）。第三に、第 5 条に規定する国家制度、および第 7 条に規定する国家情報送付の義務を遵守していなければならない（c 項）。最後に削減単位の獲得は国内措置を補完するものでなければならない（d 項）。

　クリーン開発メカニズム（CDM）とは、京都議定書によって温室効果ガス削減目標が設定されている先進締約国（附属書 I 国）が、同目標が設定されていない開発途上締約国（非附属書 I 国）内において排出削減（または吸収増大）等のプロジェクトを実施し、その結果生じた排出削減（または吸収増大）量に基づき、議定書のクレジットとして「認証された排出削減」が発行され、これをプロジェクト参加者間で配分するメカニズムである [32]。その目的は、開発途上締約国が、持続可能な開発を達成し、条約の究極の目的に貢献することを支援すると共に、先進締約国が温室効果ガス削減目標の履行を達成することを支援すること

---

[32] CDM の原型は、COP3 開催前にブラジルが提出していた「クリーン開発基金」であり、先進締約国が、温室効果ガス排出削減義務を達成できなかった場合に、その超過排出量に比例した金額を賠償として基金に拠出するというという内容だった。この提案は、義務不遵守の帰結としての金銭的罰則という性格に反対する先進締約国の抵抗により条文に挿入されなかったが、COP3 会期中に、開発途上国の削減義務受け入れが困難であると判断した米国が、義務の遵守を確保するための資金・技術供与のメカニズムとして再構成する形で急遽提案し、認められたものである。拙稿「京都メカニズム再考」『名古屋大学法政論集』第 224 号（2008 年）62-63 頁。

（第12条2項）にある。ただし、本来削減義務を負わない開発途上締約国の事業活動から生じるため、その事業活動は第三者機関によって検証され、かつ排出削減単位の発行については、京都議定書に基づいて設立された国際機関であるCDM理事会を通じて、厳格な審査の下で行われなければならない。また、そこで認証された事業活動からの収益の一部は、気候変動の悪影響を特に受けやすい開発途上国の適応の支援のために用いられる（第12条8項）。

　第17条の排出量取引は、規制対象となる物質（京都議定書では附属書Aに掲げられる温室効果ガス）の割当量を設定された主体が、一定期間内に当該割当量以内に排出量を抑えることができた場合に、その余剰分を逆に超過した主体に移転（具体的には売却）することを認める制度である。類似の制度を置く国際条約としては、オゾン層を破壊する物質に関するモントリオール議定書（第2条5項）がある。京都議定書の交渉時において、米国を中心とする非西欧先進国グループが積極的に排出量取引の導入を主張したが、この制度が「汚染権」の売買であると批判する開発途上国の主張により、削減義務を規定する第3条からいったんは削除されたものの、COP3最終日の交渉で、第17条（採択時は第16条bis）として挿入される形で復活した[33]。

　第17条は、締約国が排出量取引に関するガイドライン等を定めること、附属書B締約国が温室効果ガス削減義務の履行のために同制度に参加できること、および同制度は、温室効果ガス削減義務に関する国内的な行動に対して補完的でなければならないことだけを簡潔に規定する。その後COP7のマラケシュ合意で同取引の詳細な規則が決定したが、それによれば、「国内登録簿間の移転および獲得は、COP11/CMP1で行われる決定（割当量のカウント方法）の規定に従い、当該締約国の責任で行われる」とした上で、締約国の法人（legal entities）に移転または獲得への参加を許可できるとしている[34]。

　京都議定書のこれらのメカニズムは、排出削減目標を費用効果的に達成で

---

[33]　拙稿「気候変動問題と地球環境条約システム―京都議定書を素材として(1)」『三重大学法経論叢』第16巻1号（1998年）58-59頁。

34　Decision 18/CP.7, UN Doc. FCCC/CP/2001/13/Add.2, p.53.

きる点と、特に先進国企業に温室効果ガス削減の動機付けを与えたという点で積極的に評価できる。また、CDM については、開発途上国への資金および技術移転という役割を果たしたと言える。他方で、CDM 事業は、中国、インド、ブラジルといったいわゆる新興国に集中し、その結果、開発途上国間の格差が増大するといった批判も生まれた[35]。

このような京都議定書の市場メカニズムの評価を踏まえ、経済的手法の導入により、効率的かつ追加的な温室効果ガスの削減が期待される。その結果、パリ協定も、第 6 条で市場メカニズムについて規定する[36]。まず、緩和の成果としての排出単位を NDC の利用のために移転することを認め（2 項）、締約国会合が監督する機関によって運営される排出枠の移転メカニズム（4 項）を認める。これに加えて非市場メカニズムの重要性も認め、その枠組を定める（8 および 9 項）。

すなわち、パリ協定の市場メカニズムには、①国家間の協力的取組（2 項）と②国際管理の下で持続可能な開発を支援する制度（4 項）の 2 つの制度が想定されている。前者は、二国間又は複数国間の技術移転等による排出量クレジットの移転や排出量取引などが該当する。後者は、締約国会合の権限と指導の下で機能する国際機関が管理する排出量クレジットの認証システムで、京都議定書の CDM をイメージしたものと言える[37]。

パリ協定採択後の運用規則の交渉では、「二重計上の回避方法」、市場メカニズムの利用に伴う「収益の一部を用いた適応策支援」、および「京都メカニズムで発行されたクレジットの利用可能性」について、締約国間の意見が対立し、予定していた COP24/CMA1-3 で合意することはできず、結局 COP26/CMA3

---

35 拙稿「前掲論文（注 32）」88-90 頁。

36 第 6 条は、緩和だけでなく適応に関する取組に適用されると規定するが（1 項および 8 項）、実際には、緩和のための行動を市場メカニズムで行い、その収益の一部を適用のための費用負担の支援に用いる（7 項）。また非市場メカニズムについても緩和及び適応に関する野心の向上を促す目的で行われる（8 項）。

37 Asian Development Bank, *From Kyoto to Paris—Transitioning the Clean Development Mechanism*, Asian Development Bank（2021）.

で運用規則が採択された[38]。

　二重計上の回避方法については、上記①では、協定の中で二重計上の回避を確保するための計算方法を適用することが明記されていた（第6条2項）が、②については、同様の規定が明記されていなかったことから、二重計上の回避に関する規則は不要という主張も見られた。最終的には①と同様に相当調整（クレジット移転国は移転したクレジット量を自国の排出量に上乗せする一方、クレジット獲得国は、獲得したクレジット量を自国の排出量から差し引く）を行うことで合意された[39]。

　京都議定書では、開発途上国に温室効果ガス削減義務が課されていなかったため、中国、インド、ブラジルといった新興国がCDMにより認証された排出クレジットを大量に保有していた。彼らは、温室効果ガス削減の成果であるとして、これらのクレジットがパリ協定のNDC達成のために利用可能であると主張した。しかしながら、パリ協定の下で大幅な削減を達成するためには、協定と別の枠組みで過去に発行されたクレジットを組み入れない方が良いことは言うまでもない。交渉の結果、CDMクレジットは、2013年以降に登録されたものに限り、かつ1回目のNDCに限定して使用可能ということで決着した[40]。

　このことは、形式的に別の国際条約である京都議定書とパリ協定が、同じ気候変動枠組条約の制度内に存在することにより、有機的に結合したことを意味する。

　最後に「収益の一部を用いた適応策支援」については、上記②で導入されることが協定の中で確認されており（6項）、その「一部」の割合について、COP26/CMA3の決定で「5%」に決定した[41]。しかし、①については適応支援費としての拠出に関する協定上の根拠条文は存在しないため、できるだけ多くの

38　Decision 2/CMA.3 and Decision 3/CMA.3, UN Doc. FCCC/PA/CMA/2021/10/Add.1, pp.11-40.

39　Decision 2/CMA.3, Annex Guidance on cooperative approaches referred to in Article 6, paragraph 2, of the Paris Agreement, Ibid, paras. 43-44 and 69-72.

40　Decision 3/CMA.3, Annex Rules, modalities and procedures for the mechanism established by Article 6, paragraph 4, of the Paris Agreement, Ibid, para.75.

41　Decision 3/CMA.3, Ibid., para.67(a).

支援費用を確保したい開発途上国と、これに反対する先進国の間で意見が対立した。最終的に、自動的に拠出する制度は導入しないが、適応基金に拠出することを強く推奨することで妥結した[42]。

　その他に非市場メカニズムについても、緩和と適応の野心を向上させる枠組みとして、SBSTA議長主催の下で、「グラスゴー委員会非市場アプローチ」を設置し、制度的な体制の必要性について検討することになった[43]。

3. 適応と損失及び損害

(a) 適　応

　適応（adaptation）の定義は、気候変動枠組条約以下の諸条約には存在しないが、IPCCによると、「被害を軽減または回避し、または有益な機会を活用するために」「現実に又は予想される気候およびその影響に適合させるプロセス」とされている[44]。気候変動の適応策は究めて多様であり、状況に応じて異なる。したがって、様々な法政策や計画が想定されるため、緩和以上に抽象的なものにならざるをえない。しかしながら、温室効果ガスの排出量は少ないにもかかわらず、気候変動への悪影響に脆弱な地域は、開発途上国であることが多いため、開発途上国への適応の支援は、単なる支援としてだけではなく、先進国の責任であるという主張は、多くの開発途上国や環境NGOから支持された。

　適応の問題は、気候変動枠組条約の交渉時からすでに指摘されており、同条約でも「気候変動に対する適応を容易にするための措置」や「気候変動の影響に対する適応のための準備について協力」することが謳われている（第4条1項(b)および(e)）。また、京都議定書でも、締約国の義務として、「気候変動に対す

42　Decision 2/CMA.3, Annex Guidance on cooperative approaches referred to in Article 6, paragraph 2, of the Paris Agreement, Ibid, para.37.

43　Decision 4/CMA.3, Work Programme under the Framework for Non-Market Approaches referred to in Article 6, paragraph 8, of the Paris Agreement, Ibid, pp.41-46.

44　R.K. Pachauri et al., *Climate Change 2014: Synthesis Report. Contribution of Working Groups I, II and III to the Fifth Assessment Report of the Intergovernmental Panel on Climate Change*（IPCC, 2015）, p.118.

る適応を容易にするための措置」の計画の作成、実施、公表および定期的な更新を規定し（第 10 条 (b)）、特に開発途上国における気候変動の悪影響に適応するための事業に対して資金を供与することを目的として、議定書の下に適応基金が設置され[45]、CDM 事業における CER が認証された後、利益の一部（CER の 2%）が適応基金に支払われるなど、一定の資金供与メカニズムも導入されていた。しかしながら、この問題が締約国会議で注目を集め、特に条約制度の中に組み入れられるようになったのは、気候変動の悪影響の結果と推察される自然災害が頻発し、ポスト京都議定書の交渉が始まった頃からである。2010 年の COP16 では、適応対策を推進するための「カンクン適応枠組み」が設置され[46]、その後採択されたパリ協定は、その目的の一つとして「気候変動の悪影響に適応する能力並びに気候に対する強靭性を高め（第 2 条 1 項 (b)）」ることを確認し、第 7 条で適応に関する独立した条文を置いている。そこで、「適応に関する適当な対応を確保するため、この協定により、気候変動への適応に関する能力の向上並びに気候変動に対する強靭性の強化及びぜい弱性の減少という適応に関する世界全体の目標を定める（1 項）」ことを確認し、特に気候変動の悪影響を受けやすい開発途上国に配慮し、適応に係る費用の確保（4 項）や前述のカンクン適応枠組みを考慮に入れた行動の強化についての協力の拡充について規定する（7 項）。その上で、締約国に、適応に関する情報を提出し、及び更新することを促す（10 項）。

(b) 損失及び損害

　損失及び損害 (loss and damage) も、気候変動枠組条約事務局が整理した文書によれば、「人間や自然システムに負の影響を与える現実的で潜在的な気候変動の兆候[47]」とされ、海面上昇、気温上昇、海洋酸性化、氷河の後退とその影響、塩害、土地及び森林の劣化、生物多様性の損失、及び砂漠化を含む。したがっ

45　Decision 10/CP.7, UN Doc. FCCC/CP/2001/13/Add.1, pp.52-53.

46　Decision 1/CP.16, UN Doc. FCCC/CP/2010/7/Add.1, paras.13-14.

47　UN. Doc. FCCC/SBI/2012/INF.14, para.7.

て、損失及び損害は、適応と密接に関連するが、開発途上国は、この問題を適応とは区分して、責任及び賠償の問題と捉えた。

　国際交渉の結果、COP18 決定で、損失及び損害について組織的な検討を行うことで合意し、翌年の COP19 決定で、COP22 で見直すことを前提に、前述のカンクン適応枠組みの下に気候変動の影響に伴う損失及び損害に関する「ワルシャワ国際制度[48]」を設置することを決定した。その後、COP20 では、同制度の執行委員会の作業計画について承認した[49]。パリ協定では、適応について規定する第 7 条とは分離する形で第 8 条で損失及び損害に関する規定を置き、締約国会合の権限及び指導に従うものとしてワルシャワ国際制度を通じて行動及び支援を強化することを確認した。このように損失及び損害を適応から独立させながらも、COP21 決定で、「協定第 8 条は、賠償責任 (liability) または補償 (compensation) の基礎を含むものでも、これらを与えるものでもない[50]」ことを確認することで、先進国と開発途上国の妥協を図った[51]。

4. 遵守制度

　パリ協定は、第 15 条でパリ協定の規定の「実施及び遵守を促進するための制度[52]を設立 (1 項) することを確認し、同条に基づいて設置される委員会は、「この協定の締約国の会合としての役割を果たす締約国会議が第 1 回会合において採択する方法及び手続に従って運営 (3 項)」される。しかも、同条は、制度の性格として「促進的な性格を有する委員会であって、透明性があり、敵対

48　Decision 2/CP.19, UN Doc. FCCC/CP/2013/10/Add.1, pp.6-8.

49　Decision 1/CP.20, UN Doc. FCCC/CP/2014/10/Add.1, Annex.

50　Decision 1/CP.21, UN Doc. FCCC/CP/2015/10/Add.1, para.51.

51　Morten Broberg and Beatriz Martinez Romera ed., *The Third Pillar of International Climate Change Policy: On 'Loss and Damage' after the Paris Agreement* (Routledge, 2021).

52　ただし、正文 (英語) では、"A mechanism to facilitate implementation of and promote compliance" となっており、実施 (implementation) と遵守 (compliance) を峻別していると解釈することもできる。

的ではなく、および懲罰的でない方法によって機能（2項）」することを予め確認しており、京都議定書の遵守に関する条文（第18条）よりも詳細である。さらに、同協定を採択した締約国会議は、その決定の中で、「協定第15条2項に規定する委員会は、それぞれ科学、技術、社会経済又は法律の分野で認められた能力を有する12名の委員によって構成され、パリ協定の締約国会合として機能する締約国会議によって選出される」こと、および「国連の5つの地域グループから各2名、小島嶼開発途上締約国および後発開発途上国から各1名で、ジェンダー・バランスの目的に考慮を入れる」ことを確認した[53]。その結果、パリ協定に関する特別作業部会（Ad Hoc Working Group on the Paris Agreement）の作業と2016年から2018年までの3回にかけて行われた締約国会合での交渉の結果、「パリ協定第15条2項に規定される実施及び遵守を促進するための委員会の効果的機能のための様態と手続（以下、パリ協定遵守手続）」が採択された[54]。

　採択されたパリ協定遵守手続は、以下の8章で構成される[55]。

Ⅰ	目的、原則、性格、機能および範囲
Ⅱ	制度上の取極
Ⅲ	（手続の）開始およびプロセス
Ⅳ	措置および公表
Ⅴ	継続的課題の検討
Ⅵ	情報
Ⅶ	パリ協定の締約国会合として機能する締約国会議との関係
Ⅷ	事務局

　第Ⅰ章「目的、原則、性格、機能および範囲」では、「協定第15条の規定を確認し、協定の諸規定の実施を促進し（facilitate）、遵守を助長する（promote）た

53　Decision 1/CP.21, UN Doc. FCCC/CP/2015/10/Add.1, para.102.
54　Decision 20/CMA.1, UN Doc. FCCC/PA/CMA/2018/3/Add.2.
55　パリ協定の遵守手続の概要について、拙稿「多数国間環境協定における遵守手続の到達点－パリ協定の遵守手続を素材として」浅田正彦他編『現代国際法の潮流Ⅱ人権、刑事、遵守・責任、武力紛争』（東信堂、2020年）339-353頁。 And see Gu Zihua, Christina Voigt and Jacob Werksman, "Facilitating Implementation and Promoting Compliance With the Paris Agreement Under Article 15: Conceptual Challenges and Pragmatic Choices," *Climate Law* Vol.6 (2019), pp.66-100.

めのメカニズムとして委員会（以下、遵守委員会または委員会）を置く（第1項）」。
委員会は、「透明性、非対立性、および非懲罰性という方法で、性格と機能に
おいて専門を基礎とし、促進的なもの」とし、「委員会は、締約国のそれぞれ
の国としての能力と状況に特別の注意を払う（第2項）」。委員会の作業は、パ
リ協定の規定（第2条を含む）によって指導され（第3項）、「その作業の実施にあ
たり、遵守委員会は、努力の重複を避けるよう努め、執行または紛争解決メカ
ニズムとして機能するものではなく、罰則または強制を課すものでもなく、国
家主権を尊重する（第4項）」。

　第Ⅱ章「制度上の取極」では、委員会の委員の構成や専門性についてパリ会
議の合意事項を確認（第5項）した上で、1期3年最大2期の任期をはじめとす
る委員および代理委員の選出手続や委員長の選出、委員会に関する開催手続や
議決条件について規定し（第6-17項）、COP26/CMA3で詳細な規則が採択され
た[56]。

　第Ⅲ章の手続の「開始およびプロセス」に関して、遵守委員会の作業がパリ
協定の諸規定の法的性格を変更するものではないことを確認し、後発開発途上
国および小島嶼開発途上国の特別の事情や個々の国家の能力や状況に対する特
別の注意、他の機関の作業に対する考慮、対応措置の影響に関する検討など
について配慮することを指針とする（第19項）。その上で、委員会は、協定第4
条に規定するNDCに関する登録簿の報告、協定第13条に規定する透明性を
確保するための情報提供[57]、事務局が提供する情報に基づく進捗の促進的で多
国間の検討への参加、および協定第9条5項に基づく支援に関する情報の通報
が行われなかった場合、課題の検討を開始する（第22項(a)）ほか、関連締約国
の同意により、パリ協定第12条7項および9項に基づき締約国によって提出
される情報の深刻かつ継続的な不一致がある場合、問題の促進的検討に従事す
ることができる（同項(b)）。これらの検討の開始に際して、委員会は、関連締
約国に通知し、当該国に必要な情報を提供するよう要請しなければならない（第

56　Decision 24/CMA.3, UN Doc. FCCC/PA/CMA/2021/10/Add.3, pp.52-60.
57　協定第9条7項に基づく支援に関する透明性及び一貫性のある情報を含む。

24項)。また、必要な場合は締約国に対して、時間的猶予(柔軟性)を与え、開発途上国に対しては、利用可能な財源が存在することを条件としつつ参加のための支援が与えられる(第26-27項)。

　第Ⅳ章「措置および公表」に関して、委員会は、関連締約国の能力および状況に特別の配慮を払いつつ、適切な措置、事実認定または勧告を決定する(第28項)。委員会が取る適切な措置には、(a) 課題の確定、勧告、および情報の共有を目的とした(資金、技術および能力構築の支援へのアクセスを含む)関連締約国との対話の実施、(b) 課題および解決を確定するために、パリ協定に基づく、または同協定を支える適切な、資金、技術および能力構築に関する機関または取極との間で行われる関連締約国への支援、(c) 第30項(b)に規定する課題および解決に関する関連締約国への勧告、ならびに関連締約国の同意の上で、当該勧告の関連機関または取極に対する通知、(d) もし要求されるなら、行動計画の作成の勧告と、当該計画の作成に関する関連締約への支援、および (e) 第22項(a)に規定する実施および遵守の事項に関する事実の認定が含まれる(第30項)[58]。

　第Ⅴ章「系統的課題の検討」に関して、委員会は、パリ協定の規定を実施し、遵守する観点から、多くの締約国が直面する系統的性格の課題を特定し、適切な場合、当該課題を締約国会合で検討するために勧告を行うことができる(第32項)。そして締約国会合は、いかなる時も、遵守委員会に系統的課題を検討するよう要請できる(第33項)。ただし、系統的課題に対処するにあたり、委員会は、個々の締約国によるパリ協定の規定の実施および遵守に関連する事項に対処してはならない(第34項)。

　その他、情報に関する第Ⅵ章では、委員会が専門家や協定を支援する機関などからの情報を受領することを認める(第35項)。また、委員会が締約国会合に毎年報告を行う義務(第36項)やパリ協定の事務局が委員会の事務局として機能する(第37項)ことを確認する。

　すでに述べた通り、パリ協定における各締約国の温室効果ガスの排出削減目

58　関連締約国は、第30項(d)に規定する行動計画の実施に際して行われる進捗に関して、遵守委員会に情報を提供することが奨励される(第31項)。

標である NDC については、法的拘束力はないが、その代わり、削減目標の交渉に内在する締約国間の対立を回避することにより、実用的なアプローチを提供することに成功した[59]。今後は、「高い野心を反映した（第4条3項）」NDC の進捗と達成に関する報告を透明性のある方法で審査し、実効性を高めるための指導を行うことが重要であり、遵守手続の役割は極めて大きい。

59　Imad Antonie Ibrahim, Sandine Maljean-Dubois, & Jessica Owley, "The Paris Agreement Compliance Mechanism: Beyond COP 26," *Wake Forest Law Review*, Vol.11（2021）, p.160.

おわりに

　パリ協定は、特に締約国の NDC の法的拘束力や不遵守に対する対応といった法的規範性の弱さなど、多くの課題が指摘されている[1]。他方で、それは、交渉過程からも明らかなように、温室効果ガス削減抑制目標の固定化は維持できないという京都議定書からの経験と、可能なかぎり普遍性を高めた国際条約制度を追求したいという期待の結果でもあり、法的性質の問題は、パリ協定の意義を評価する上での一つの要素に過ぎない[2]。

　また、枠組条約、京都議定書、パリ協定と繋がる気候変動条約制度は、気候変動問題の複合性をより鮮明なものにした。ここで言う複合性とは、生物多様性、砂漠化、海洋といった環境法政策上の相互関連性はもちろん、人権、経済、エネルギー、安全保障といった環境問題を超える国際問題の諸分野との関連性の両面を意味する。この傾向は、国際法の断片化という一般国際法上の課題にも関連している。この点については、持続可能な開発目標 (SDGs) が、その解決の処方箋となりえる可能性を秘めているが、それについては、今後の課題としたい。

　いずれにせよ、気候変動問題は、枠組条約採択以来、30 年にわたる現在進行形の課題である。したがって、引き続き、気候変動条約制度、特にパリ協定の実施とその効果について、各国の活動と締約国会議での議論を注視していかなければならない。

1　Emma Cockett, "The Paris Agreement: An Exercise in Failure," *North East Law Review* Vol.7 (2020), pp.81-89.

2　Daniel Bodansky, "The Legal Character of the Paris Agreement," *Review of European, Comparative & International Environmental Law*, Vol.25-2 (2016), pp.142-150.

　むすびに代えて、パリ協定で再度確認された「人類の共通の関心事」概念（前文11項）と、新たに挿入された「気候の正義（climate justice）（同第13項）」について言及しておく。

　気候変動枠組条約で確認された「人類の共通の関心事」は、月協定や国連海洋法条約に規定される人類の共通の財産とは異なるが、気候変動を「主権国家」ではなく「人類」の関心事としたことは極めて重要である。そこには、国境と世代を超えた共同体の存在を確認することができ、多数国間環境協定は、それを国際社会の法主体である主権国家に信託しているとみるべきである。同概念を明記していない京都議定書が、この概念を無視したわけではないが、米国の離脱や中国やインド等の新興国の削減義務受け入れ拒否といった議定書での国家間対立を経験し、パリ協定でその重要性が再認識された[3]。

　加えてパリ協定の前文に「気候の正義」が書き込まれている。「気候の正義」は、パリ協定で初めて登場する概念ではなく、その定義も必ずしも確定していない。しかしながら、人権を含めた公正の確保を包含する概念であることは明らかであり、人類の共通の関心事と同様に世代間衡平の実現を想定していることも容易に推察できる。また、気候の正義は、国内の気候変動訴訟などで重要視されるようになっており、特に子どもの権利を含む将来世代の権利に大きな影響を与えている[4]。国際法曹協会も「気候変動の正義の必要性は、その環境影響の不平等な地理的分布からも明らかである」と強調している[5]。すなわち、パリ協定が人類の共通の関心事を確認する前文第11項で様々な集団の人権の

3　拙稿「人類の共通の関心事としての気候変動―パリ協定の評価と課題」松井芳郎他編『21世紀の国際法と海洋法の課題』（東信堂、2016年）224-227頁。

4　Greert Van Calster Leonie Reins ed., *The Paris Agreement on Climate Change A Commentary*（Edward Elgar, 2021）, p.27 and Daniel Klein et al., ed., *The Paris Agreement on Climate Change: Analysis and Commentary*（Oxford University Press, 2017）, p.118. いわゆる「気候変動訴訟」については、2022年5月までに、全世界で2000件以上が確認されている。See Joana Setzer and Catherine Higham, *Global Trends in Climate Change Litigation: 2022 snapshot*（The Centre for Climate Change Economics and Policy & The Grantham Research Institute on Climate Change and the Environment, 2022）and Climate Change Litigation Datebases, at http://climatecasechart.com/（as of November 1, 2023）.

5　International Bar Association, *Achieving Justice and Human Rights in an Era of Climate Disruption*（2014）, p.45.

考慮を謳っていることからも分かるように、気候変動問題は、基本的人権に大きく関わり影響を与えるという認識と人権法からのアプローチの重要性を再確認する必要がある[6]。

　いずれにせよ、このような「人類」や「正義」に訴えるキーワードを挿入しつつ、パリ協定は、単なる国家間の権利義務の設定にとどまるのではなく、将来世代を含めた人類的課題の解決のためのシンボリックな存在として積極的な役割を果たしつつある。これは、パリ協定の当事者である主権国家や気候変動問題に関与する国際機関だけでなく、企業、自治体、市民がパリ協定の交渉やその成果に強い関心を持ち、積極的な温室効果ガス排出削減行動の拠り所としていることからも明らかである。すなわち、気候変動枠組条約、京都議定書、パリ協定は、国際条約＝国家間の合意であることを大前提としつつ、その効果が市民や企業を含めたグローバルなステイクホルダーの関心を集め、彼らによってその実施と実効性が監視され、結果として地球規模環境問題である気候変動問題の解決と対処に取り組む「企画書」および「工程表」としての存在意義を確認することができる[7]。

---

[6]　Alan Boyle, "The Paris Agreement and Human Rights," *International and Comparative Law Quarterly*, Vol.67 (2018), pp.759-777.

[7]　Marie-Claire Cordonier Segger, "Intergenerational Justice in the Paris Agreement on Climate Change," Marie-Claire Cordonier Segger, Marcel Szabó and Alexandra R. Harrington ed., *Intergenerational Justice in Sustainable Development Treaty Implementation* (Cambridge University Press, 2021), pp.752-753.

索　引

著　者

西村　智朗（にしむら　ともあき）

1991 年　名古屋大学法学部卒業
1996 年　名古屋大学大学院法学研究科博士課程 (後期課程) 退学
1996 年　三重大学人文学部専任講師
2007 年　立命館大学国際関係学部准教授
2009 年　立命館大学国際関係学部教授 (現在に至る)
専攻：国際法、国際環境法　修士 (法学)
主要著書：『国際環境条約・資料集』(共編、東信堂、2014 年)、『21 世紀の国際法と海洋法の課題』(共編、東信堂、2016 年)、『テキストブック法と国際社会 (第 2 版)』(編著、法律文化社、2018 年)、『現代国際法の潮流Ⅰ』(共編、東信堂、2020 年)、『現代国際法の潮流Ⅱ』(共編、東信堂、2020 年)、『ハイブリッド環境法』(編著、嵯峨野書院、2022 年)、『ベーシック条約集』(共編、東信堂、2023 年)

国際法・外交ブックレット⑥

気候変動問題と国際法

2023 年 12 月 30 日　　初　版第 1 刷発行

〔検印省略〕

定価は表紙に表示してあります。

監修　浅田正彦・中谷和弘
著者Ⓒ西村智朗／発行者　下田勝司

印刷・製本／中央精版印刷株式会社

東京都文京区向丘 1-20-6　　郵便振替 00110-6-37828

〒 113-0023　TEL (03) 3818-5521　FAX (03) 3818-5514
Published by TOSHINDO PUBLISHING CO., LTD.
1-20-6, Mukougaoka, Bunkyo-ku, Tokyo, 113-0023, Japan
E-mail : tk203444@fsinet.or.jp　http://www.toshindo-pub.com

発 行 所
株式会社 東 信 堂

ISBN978-4-7989-1795-5 C0332　Copyright Ⓒ Nishimura Tomoaki

東信堂

東信堂

※定価：表示価格（本体）＋税

〒113-0023　東京都文京区向丘1・20-6　TEL 03-3818-5521　FAX03-3818-5514
Email tk203444@fsinet.or.jp　URL:http://www.toshindo-pub.com/